新材料与碳中和

成会明　唐永炳　欧学武　著

科学出版社
北　京

内 容 简 介

材料是人类社会进步的基石，关键新材料的出现与应用是推动新技术革命的直接动力。当前化石能源短缺和环境污染等问题突出，严重威胁着人类社会的可持续发展。基于作者在新材料和新能源领域多年的研究与思考，本书旨在向读者介绍新材料的重要性，并探讨新材料在碳中和实践中的重要支撑作用。本书回顾了材料的发展历程，阐述了材料与人类社会发展的密切关系；论述了新材料的战略地位以及世界各国的发展战略；针对能源与环境危机，介绍了世界多国和地区的碳中和发展目标，并重点探讨了现阶段我国实现碳中和所面临的挑战及新材料在清洁能源发展中的关键作用；最后展望了实现碳中和的愿景。

本书定位为新材料与碳中和有关的通识性科学著作，主要面向对新材料与碳中和感兴趣的广大读者。

图书在版编目（CIP）数据

新材料与碳中和/成会明，唐永炳，欧学武著. —北京：科学出版社，2022.7

ISBN 978-7-03-072529-5

Ⅰ. ①新… Ⅱ. ①成… ②唐… ③欧… Ⅲ. ①二氧化碳-节能减排-材料科学-研究 Ⅳ. ①TB3 ②X511

中国版本图书馆 CIP 数据核字（2022）第 101358 号

责任编辑：翁靖一 杨新改 / 责任校对：杜子昂
责任印制：霍 兵 / 封面设计：耕者设计工作室

科学出版社 出版
北京东黄城根北街 16 号
邮政编码：100717
http://www.sciencep.com
北京九天鸿程印刷有限责任公司 印刷
科学出版社发行 各地新华书店经销
*
2022 年 7 月第 一 版 开本：720×1000 1/16
2023 年11月第四次印刷 印张：8
字数：168 000

定价：99.00 元

（如有印装质量问题，我社负责调换）

前　言

材料是人类社会进步的基石。从石器时代发展到以钢铁为代表的工业时代，以及如今以硅等半导体材料及器件为代表的信息时代，历史的演进无不伴随着材料领域的进展和突破，关键新材料的出现与应用往往是推动新技术革命的直接动力。随着经济社会的发展，新材料推动了人工智能、新能源汽车、高端装备、生物医药等新兴领域的快速发展，并促进着相关行业的快速迭代与进步，显著提升了人们的物质生活水平。鉴于新材料的重要战略作用，世界各国不约而同将新材料作为其主要的发展目标。例如，美国将新材料置于影响其国家安全和经济繁荣的六大类关键科技的首要位置，并于 2011 年 6 月提出了“材料基因组计划”。作为材料大国，我国目前虽然具有较为完善的材料制造产业，但关键新材料的研究、开发与应用还明显落后于发达国家，导致在多个领域受制于人。几年前《科技日报》列举了制约我国工业发展的 35 项“卡脖子”技术，其中 27 项与材料密切相关，充分显示我国对新材料领域发展的迫切需求和面临的巨大挑战。为振兴新材料产业，2016 年我国工信部发布了《新材料产业发展指南》，明确指出要重点发展先进基础材料、关键战略材料和前沿新材料，以提升我国新材料的自主创新研发能力，实现从材料制造大国向材料研发强国迈进。近年来，我国材料科学研究成果显著，如高温超导材料、石墨烯、纳米材料、光学晶体等。然而，在竞争日益激烈的国际形势下，实现新材料领域的突破，并通过成果转化与应用助力我国关键产业的发展，具有重要战略意义。

另一方面，社会快速发展和人类物质文明高度发达的同时，能源和环境等问题也愈发突出。随着能源需求的增加，煤、石油、天然气等化石燃料的消耗与日俱增。然而，化石燃料资源有限，快速、持续、大量的消耗导致化石燃料面临枯竭的严峻形势。与此同时，化石燃料消耗所排放的二氧化碳等温室气体导致温室效应、极端天气等气候问题，对人类社会的可持续发展造成严重威胁。为应对上述全球性的问题，世界各国纷纷采取行动。早在 1992 年，联合国促成了《联合国气候变化框架公约》以应对气候变化，此后世界各国又相继签订了《京都议定书》(1997 年)、《哥本哈根协议》(2009 年)、《巴黎协定》(2015 年)等，旨在通过节能减排、发展清洁能源等手段，以最终实现碳排放与碳吸收的平衡，即碳中和发展目标。作为能源消费大国，中国积极参与并大力推动碳中和。2020 年 9 月 22 日，国家主席习近平在第七十五届联合国大会上郑重宣布："中国将提高国家自主贡献力度，采取更加有力的政策和措施，二氧化碳排放力争于 2030 年前达到峰值，努力争取 2060 年前实现碳中和。"虽然愿景美好，但实现碳中和目标却任重道远。截至 2019 年，化石燃料在我国一次能源消费结构中占比仍高达 85%，且我国石油资源对外依存度达到 70%以上，原油进口超过 5.0 亿吨/年，其中 80%依赖海运，国家能源安全面临着巨大压力。因此，为保障我国能源安全、实现碳中和，亟待大力发展清洁能源科学与技术，实现能源的高效生产与利用。我认为要实现碳达峰、碳中和的目标，就要求我们努力实现"五化"，即能源生产低碳化、能源使用电气化、工业过程氢能化、能源网络智能化、二氧化碳资源化。作为能源高效生产与利用的关键和重要组成部分，新材料的发展与应用在实现碳达峰、碳中和的进程中将起到至关重要的作用。

基于我们在新材料和新能源领域多年的研究实践与思考，本书旨在向读者介绍材料与人类发展的关系和新材料的重要性，特别是针对近年来大家所共同关注的碳达峰、碳中和主题，探讨新材料与碳中和的关系，阐述新材料在碳中和实践中的应用前景。本书定位为新材料与碳中和相关的通识性科学著作，主要面向对新材料与碳中和感兴趣的广大读者。本书主要内容分为五章，第 1 章回顾了材料的发展历程，阐述了材料与人类社会发展的密切关系。第 2 章重点介绍了新材料的战略地位、主要类型以及世界各国的发展战略。第 3 章针对全球目前面临的能源与环境危机，介绍了为实现碳中和目标各国所采取的行动和相应规划，重点阐述了我国现阶段的能源结构、国家能源安全等问题，探讨了实现碳中和面临的关键难题和挑战；并围绕实现碳中和目标的主要途径，重点介绍了太阳能、风能、先进储能、高效能源转化等清洁能源形式和技术。第 4 章则阐述了新材料对碳中和的关键支撑作用。最后第 5 章展望了实现碳中和的愿景。

历经半年多时间，本书即将面世。在此，我衷心感谢唐永炳研究员和欧学武博士积极参与撰稿，特别感谢清华大学深圳国际研究生院周光敏博士在本书的框架结构方面的讨论与贡献。清华大学深圳国际研究生院刘敏女士耐心地阅读了全部手稿并提出了宝贵的修改建议，特此致谢。同时感谢王泽霖、刘忠、刘玉华和林雨薇等同学在查找资料、图片绘制等方面提供的帮助。最后，十分感谢科学出版社各级领导和编辑的策划与支持，特别是翁靖一编辑，如果没有她的督促、帮助与努力，就不会有本书的撰写与出版。

材料科学已创造了众多奇迹，我相信在实现碳达峰、碳中和的进程中，材料科学仍将创造奇迹。碳达峰、碳中和不仅是中国的目标，也是全世界的目标，实现碳达峰、碳中和任重而道远。我衷心希望有更多的科学家、工程师、企业家、公务员、教师、学生和公民都关注新材料，关注碳达峰、碳中和，并加入到实现碳达峰、碳中和目标的行动中，共同推动人类文明的进步！

新材料的发展日新月异，碳达峰、碳中和的步伐愈加坚定，新的成果层出不穷。由于作者的知识广度和深度都很有限，书中难免存在不妥与疏漏之处，恳请各位读者批评指正！

成会明
中国科学院院士，发展中国家科学院院士
中国科学院深圳理工大学(筹)，材料科学与能源工程学院，深圳
中国科学院深圳先进技术研究院，碳中和技术研究所，深圳
中国科学院金属研究所，沈阳材料科学国家研究中心，先进炭材料研究部，沈阳
2022 年 3 月于深圳

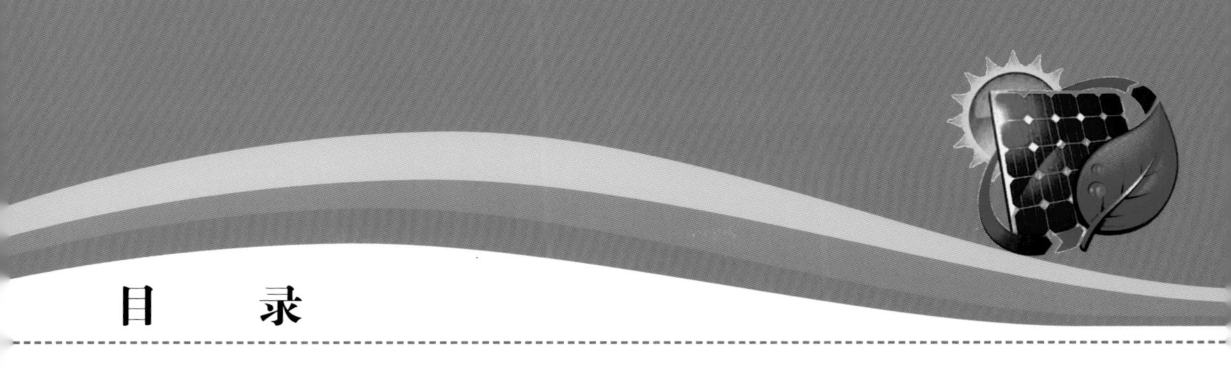

目　录

钢铁材料，具有优异电学、磁学、光学等性能的新型材料层出不穷，应用也越来越广泛，包括具有优异电学性能的导体材料、发电机使用的磁性材料等，在第二次工业革命中发挥着重要作用。

1.2.2 信息革命

20 世纪中后期，以电子技术、计算机、半导体、自动化、信息网络等为代表的“信息革命”推动人类社会逐步进入“信息时代”。信息时代的一个特点是，人们可以通过机器实现对信息的收集、存储和处理等过程，能够部分取代人的脑力劳动。信息革命提供的全新生产手段，促进了生产力的大发展以及产业和经济结构的巨大变化。在信息革命中，以硅为代表的半导体材料发挥着决定性作用。硅具有原料成本较低、化学性质稳定、载流子迁移率高[1350 $cm^2/(V \cdot s)$]、禁带宽度适中(1.1 eV)等优点，并且能够通过不同掺杂形式对其能带结构进行有效调控[3]。因此，硅作为晶体管材料，广泛应用于各类电子器件。如今，基于高纯硅材料的集成电路和超大规模集成电路是计算机芯片、中央处理器(CPU)的主要部件，奠定了“信息时代”的基础(图 1.6)。

图 1.6 基于硅半导体材料的集成电路

图片来源：摄图网

另一方面，随着集成电路集成度的快速增加，电子器件逐渐向小型化方向发展和转变。被称为计算机第一定律的“摩尔定律”指出：集成电路上可以容纳的晶体管数目大约每 18 个月增加一倍。电子信息产业的快速发展在一段时间内验证了“摩尔定律”的有效性。然而，由于尺寸效应，集成电路晶体管数目的进一步增加必然会造成器件的发热和漏电问题，最终将会导致“摩尔定律”失效。因此，除了进一步对硅基半导体集成电路工艺进行优化，亟待开发高效能、低功耗的新型材料。近年来，材料领域的快速发展促进了各类新材料的不断涌现，包括新型碳材料(如碳纳米管、石墨烯)、二维材料(如过渡金属硫属化物)、拓扑材料、量子材料、超导材料等，有望在不久的将来实现大规模应用，推动信息革命的深入发展。

总而言之，材料与人类社会发展的关系越来越密切。材料为人们的生产生活提供了不可或缺的物质基础，材料的发展在推动人类社会不断进步的同时，也加深了人们对未知世界的认识和了解。

1.2.3 材料与诺贝尔奖

材料在人类社会发展历程中扮演着重要角色，材料的发展水平成为现代科学技术进步的关键指标。作为世界科学技术的最高荣誉，1920～2021 年间被授予诺贝尔奖的材料相关成果共计 22 项，包括合金、塑料、高分子材料、晶体管、光纤、催化剂材料、超导材料、液晶材料、富勒烯、石墨烯、准晶、蓝色发光二极管(LED)材料、锂离子电池等，充分肯定了材料的关键作用和重要地位(图 1.7)。历史证明，上述材料的开发与利用是推动人类社会与科技进步的重要驱动力。

例如，1956 年诺贝尔物理学奖被共同授予威廉•肖克利(William B. Shockley，1910—1989 年)、沃尔特•布喇顿(Walter Brattain，1902—1987 年)和约翰•巴丁(John Bardeen，1908—1991 年)三位美国科学家，以表彰他们“对半导体材料的研究和发现晶体管效应”。晶体管的发明促使信息电子学的发展产生了根本性变革。相比于传统真空电子管，晶体管具有体积小、能效高、使用寿命长等优点，成为推动“信息革命”的重要基础，目前广泛应用于计算机、电子通信、航空航天、军工国防等领域，对人类社会发展产生了深远影响。1987 年诺贝尔物理学奖被共同授予德国科学家格奥尔格•贝德诺尔茨(J. Georg Bednorz，1950 年—)和瑞士科学家亚历山大•米勒(K. Alexander Müller，1927 年—)，以表彰他们“在发现陶瓷材料中的超导电性所做出的重大突破”。超导现象的发现颠覆了人们对传统陶瓷的认识，并逐渐成为世界各国研究的焦点。目前，超导材料在新兴电子学、磁悬浮运输、精密仪器等方面具有不可替代的作用。近年来，与材料相关的诺贝尔奖主要包括蓝色发光二极管和锂离子电池。2014 年诺贝尔物理学奖被分别授予日本科学家赤崎勇(Isamu Akasaki，1929—2021 年)和天野浩(Hiroshi Amano，1960 年—)以及美籍日裔科学家中村修二(Shuji Nakamura，1954 年—)，以表彰他们在蓝色发光二极管领域的突出贡献。蓝色发光二极管是一种新型高效、环境友好的光源，在节能方面具有突出优势。2019 年，美国科学家约翰•古迪纳夫(John B. Goodenough，1922 年—)、英国科学家斯坦利•惠廷厄姆(Stanley Whittingham，1941 年—)以及日本科学家吉野彰(Akira Yoshino，1948 年—)因在锂离子电池关键电极材料研发方面做出的贡献，共同获得诺贝尔化学奖。锂离子电池自商业化以来，目前已在便携式电子产品、新能源汽车、无人机等领域得到了广泛应用，成为人们日常生活中不可或缺的一部分。

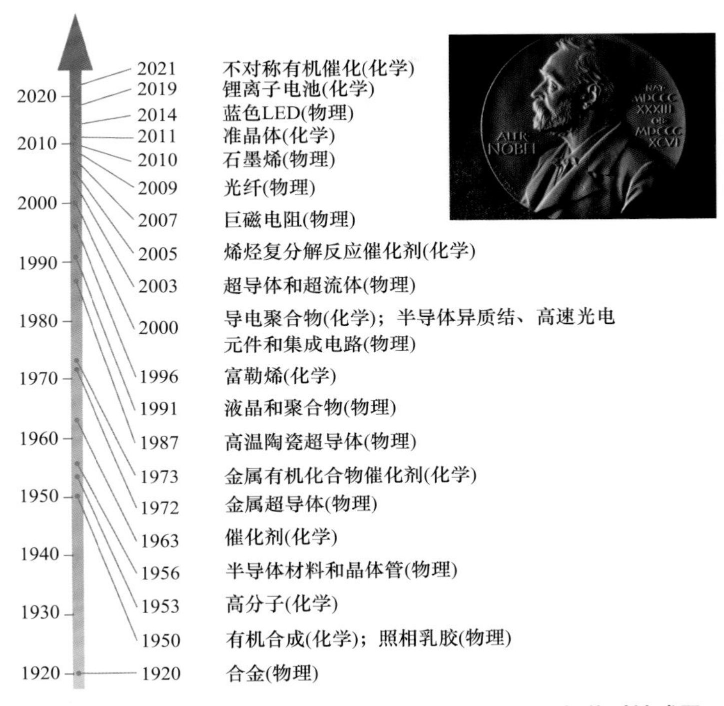

图 1.7　1920～2021 年间与新材料研发相关的诺贝尔奖科技成果

1.3　现代材料科学

20 世纪以来，物理、化学、生物等学科的发展，极大地加深了人们对材料结构、成分、性质、效能(使役行为)等方面的认识。随着社会的发展与进步，对具有特殊性能材料开发和探索的需求也急剧增加。通过系统研究材料结构、成分、性质、效能及其相互关系，能够为材料的设计开发、制备加工提供理论指导和科学依据。同时，金属、冶金技术、高分子、半导体、纳米科学等领域的发展，也大大促进了各种新结构和新功能材料的发现和应用。

经过多年的发展，材料科学已成为一门独立的交叉性学科，其主要研究内容包括材料的理论与设计、制备加工方法、材料成分分析、结构表征、性质测试、效能(使役行为)研究等基本要素(图 1.8)[4]。

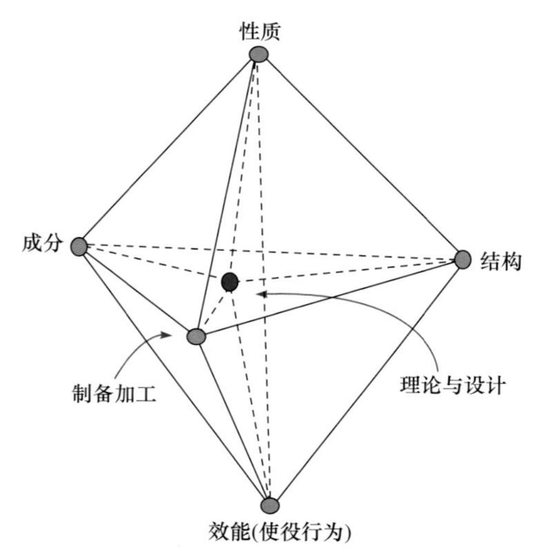

图 1.8　材料科学与工程的五要素

(1) 材料制备加工。现代材料科学已发展出多种材料制备方法，包括传统固/液相反应(如溶胶-凝胶法、水热法等)、有机合成、金属铸造、化学/物理气相沉积，以及分子束外延沉积、磁控溅射、3D/4D 打印等先进制备手段。此外，利用计算机辅助进行新材料的筛选、设计与开发也逐渐成为新材料研究的重要手段。

(2) 材料成分分析。发展出包括 X 射线衍射(XRD)、X 射线光电子能谱(XPS)、能量色散 X 射线谱(EDX)、拉曼光谱(Raman spectroscopy)、傅里叶变换红外光谱(FTIR)、石英微晶天平、质谱(MS)、气相色谱(GC)、电感耦合等离子体(ICP)等手段，实现了对材料成分进行定性、半定量以及定量的研究分析。

(3) 材料结构研究。发展出光学显微镜(OM)、扫描电子显微镜(SEM)、原子力显微镜(AFM)、透射电子显微镜(TEM)、扫描隧道显微镜(STM)等多种先进表征测试手段以及相应的原位表征测试技术，实现了从不同角度、多方面、多层次对材料的形貌结构等进行宏观/微观的表征，并能够实时监测不同工况下材料形貌结构等的变化，从而对材料的结构演化与失效机理进行全面分析。

(4) 性质研究。材料的性质包括力学性质(如强度、韧性、塑性)、物理性质(如电学、热学、磁学)以及化学性质(如氧化性、还原性)等，决定了材料的用途和价值。随着科技的发展进步，目前针对材料的表征测试设备和仪器精度不断提高，能够对材料的物理、化学、力学等性质进行精确测量和有效评估。

(5) 效能(使役行为)分析。使役行为是在综合考虑材料成本、经济效益等因素后，对材料在实际应用中的效果进行评估。除了将材料制成成品进行实际评估，通过使计算机与相关实验手段相结合，也能够实现对材料在不同工况条件下的性能模拟，为实验提供指导。计算机辅助模拟能够提升材料评估的效率，降低材料研发的成本。

参考文献

[1] 王浩. 砂质高岭土的工艺矿物学及选矿试验研究. 武汉: 武汉理工大学, 2013.
[2] 陈光, 崔崇. 新材料概论. 北京: 科学出版社, 2003.
[3] 凌玲. 半导体材料的发展现状. 新材料产业, 2003, 6: 6-10.
[4] 张建斌. 重新认知材料科学与工程. 金属世界, 2014, 1: 27-31.

第 2 章

新 材 料

2.1 新材料的发展及战略地位

2.1.1 新材料的发展背景

新材料是指新近发展或正在发展的具有优异性能的结构材料或具有特殊性质的功能材料[1]。由于新材料的关键作用，新材料技术与信息技术、生物技术并称为当今世界高新技术的三大支柱，在科技进步、国民经济、国防建设、社会发展以及人们日常生活等各个方面扮演着越来越重要的角色。随着经济社会的发展与进步，新材料的发展水平也逐渐成为衡量一个国家科技发展水平、综合国力和国际竞争力的重要指标。因此，大力发展新材料产业已成为世界各国的共识，新材料领域的竞争逐渐加剧。

一直以来，发达国家都极为重视新材料的战略地位，将其作为发展高新技术的基础和先导。为保持科技领先优势，美国、日本、欧盟等发达国家和地区在其科技与产业发展规划中，不约而同将新材料技术列为 21 世纪优先发展的关键技术之一。各新兴经济体也逐渐认识到新材料的重要性，通过加大投入发展新材料相关产业，以实现传统产业升级以及产业结构调整。目前，新材料产业呈现快速发展趋势。据统计，2019 年全球新材料产值达到 2.82 万亿美元[2]。然而，目前全球新材料产业发展的不均衡性较为明显。例如，美国、日本和欧盟等发达国家和地区由于长期的积累和持续的研发投入，在新材料研究和先进新材料开发等方面(如电子信息材料、复合材料、高端制造业用材料、化工材料)具有明显的领先优势；此外，由于研发实力雄厚，发达国家跨国材料企业在高端新材料领域长期处于垄断地位。俄罗斯在军事、航空航天材料等方面国际领先。以中国为代表的发展中国家由于新材料发展起步较晚，目前主要处于追赶和快速发展的阶段，在部分新材料领域具有一定的比较优势(表 2.1)。

表 2.1 世界新材料产业比较

国家或地区	优势领域
美国	科技实力、创新能力强，新材料研发处于世界领先地位
欧洲	新材料研发积累深厚，化工材料、复合材料等实力突出
日本	高端制造业材料、电子信息材料等具有明显优势
俄罗斯	军事、航空航天材料国际领先
中国	新材料发展起步较晚，金属材料、稀土材料、纳米材料等研究具有一定的比较优势

另一方面，人类社会在发展和进步的同时，也正面临着前所未有的挑战，包括能源危机、环境污染、水资源匮乏、食品安全、战争与疾病等。因此，在经济社会发展的同时，如何实现人类社会的绿色可持续发展也逐渐成为人们所关注的重要议题。在新材料产业领域，针对上述挑战开发具有高效低能耗、环保易回收、绿色低碳等特点的新材料，推动传统产业结构转型和新能源产业革命势在必行。

2.1.2 新材料的应用领域

新材料与各行各业的发展紧密相关，新材料的开发和利用涉及国民经济、社会发展、军工国防等方方面面。在新兴技术产业领域，新材料的应用更为突出，具体包括：①基于新型半导体材料、信息功能材料、特种光学材料等的新一代信息技术、人工智能等领域；②基于生物基材料、生物相容性材料、组织再造材料等的生物医用领域；③基于高性能金属材料、高性能工程塑料、特种纤维及复合材料等的高端装备制造领域；④基于新型建筑材料、新型节能材料、智能材料、高效能源材料、新型环保材料、可再生材料等的新能源与环保领域；⑤基于新型电极材料、特种膜材料、新型封装材料等的新能源汽车领域(图 2.1)。

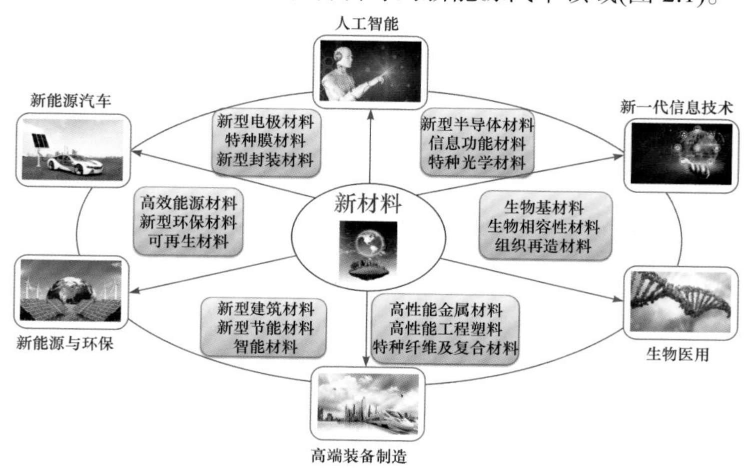

图 2.1 新材料在新兴技术领域的应用

图片来源：摄图网

2.2 新材料的种类

沿用传统材料的分类方法，新材料按组成可以分为新型金属材料、新型无机非金属材料、先进高分子材料以及高性能复合材料等几大类。

2.2.1 新型金属材料

金属材料是一类具有光泽性、导电性、导热性等特性的材料，主要包括黑色金属(铁、锰、铬等及其合金)、有色金属以及特种金属材料等。作为黑色金属的代表，钢铁自“工业革命”以来一直在工业领域占据着主导地位。有色金属，又称非铁金属，包括铜、铝、锌、镁、镍、铅、锡、锑、钛等，种类多、应用范围广。随着经济社会的发展，有色金属在高新技术、军工国防、航空航天、新能源等领域扮演着越来越重要的角色。特种金属材料是指具有特殊用途的结构和功能金属，包括非晶、准晶、纳米晶等，以及具有特殊功能包括超导、隐身、记忆存储等特性的金属及其合金材料。

以下介绍几种代表性的新型金属材料：

(1) 稀土永磁材料。永磁材料也称硬磁材料，是指经过外加磁场磁化后能保持恒定磁性的一类功能材料。稀土永磁材料则是含有一定比例的稀土元素和其他过渡金属的稀土合金类永磁材料。相较于传统的铝镍钴、铁氧体等永磁材料，稀土永磁材料通常磁性和综合性能更为优异，已成为尖端科学技术领域不可或缺的基础材料，在机械电子、军工国防、航空航天、医疗、新能源汽车、仪表、电机等众多领域应用广泛。例如，由于稀土永磁材料的矫顽力和磁能积高，稀土永磁电机相比传统电机具有轻量小型化、效率高等优点，能够实现节能减碳目的。具体而言，稀土永磁材料主要包括第一、二代钐钴永磁材料(如 $SmCo_5$、Sm_2Co_{17})，以及第三代钕铁硼永磁材料(如 $Nd_2Fe_{14}B$)等[图 2.2(a)]。第三代永磁材料由于性能优异且价格较低，占据着主要的市场份额[3]。目前，我国已成为世界最大的稀土永磁材料生产基地[图 2.2(b)][4]。

(2) 高温合金。高温合金是指以铁、钴、镍为基体元素，能够长期服役于 600℃以上高温和一定应力条件，并具有高温强度、抗热腐蚀、抗氧化性能、抗疲劳性能以及断裂韧性优异的金属材料[5]。按基体元素划分，高温合金主要分为铁基、镍基和钴基高温合金。其中，镍基高温合金由于工作温度高、高温蠕变性能好等优势，成为近年来发展最为迅猛的高温合金。

高温合金的优异特性使其成为高性能航空发动机、工业汽轮机、核电装备等高端设备不可或缺的关键材料(图 2.3)。目前高温合金在先进航空发动机中的重量占比达到 40%～60%，被誉为“先进发动机的基石”[6]。近年来，随着航空航天产具体而言，基于富勒烯优异的氧化还原特性，通过在其表面接枝功能化官能团能够合成出不同类型的富勒烯衍生物，实现对其物理化学性质以及能带结构的可控调节。在太阳能电池领域，富勒烯衍生物如苯基-C_{61}-丁酸甲酯(PCBM)作为一种重要的受体材料应用广泛[图 2.11(a)][22]。此外，利用富勒烯的笼状结构，对具有催化活性、磁性等的原子进行包裹，能够在发挥其独特性能的同时，提升材料的稳定性和使用寿命[图 2.11(b)]。例如，采用 C_{82} 富勒烯将钆(Gd)稀土原子进行包裹，同时在富勒烯表面进行羟基化修饰改性，该内嵌富勒烯结构 $Gd@C_{82}(OH)_{22}$ 能够通过调节肿瘤细胞周围的微环境，达到抑制肿瘤生长和转移的目的[23]。

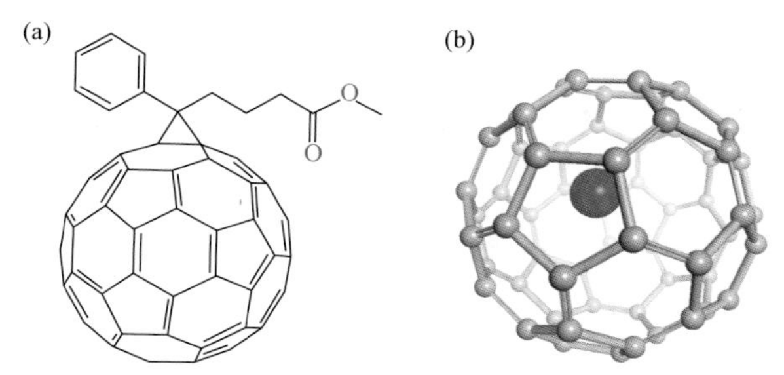

图 2.11 PCBM 受体的分子结构(a)和内嵌富勒烯示意图(b)

(4) 碳纳米管。碳纳米管是一种由碳原子以六边形排列而构成的、具有特殊结构的一维纳米材料。基于碳六元环沿轴向的不同取向，碳纳米管可分为锯齿型、扶手椅型等不同构型(图 2.12)[24]。碳纳米管的结构多样性使其呈现出不同的特性。例如，由于结构的不同，碳纳米管能够由半导体转变为导体。另外，以纳米管层数划分，可分为单壁碳纳米管和多壁碳纳米管，其中，多壁碳纳米管的层间距约为 0.34 nm。

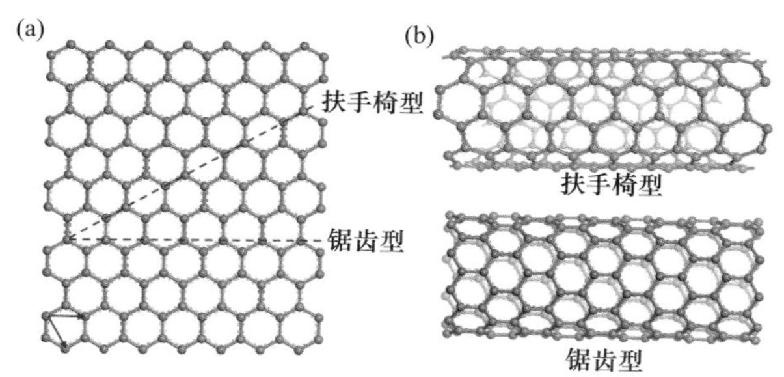

图 2.12 石墨烯卷绕形成碳纳米管的示意图(a)以及不同卷绕取向形成的不同碳纳米管构型(b)

碳纳米管因其电学性能优异、力学性能好、机械强度高等特性，在能源转化与存储、电子器件等方面应用前景广阔。例如，在锂离子电池领域，利用碳纳米管优异的导电性能，在电极材料中添加少量的碳纳米管，能够显著提升电池的性能。在电子器件方面，碳纳米管可用于高性能场效应晶体管的制备(图 2.13)。例如，2012 年，美国国际商用机器公司(IBM)采用碳纳米管开发出具有优异性能的微芯片，大幅提升了芯片的性能和集成度[25]。2017 年，北京大学彭练矛院士团队制备出 5 nm 水平的碳纳米管器件，综合性能相比于传统硅基器件提升了十余倍[26]。2021 年，该团队进一步将碳纳米管器件的工作带宽提升至太赫兹，在大规模数字集成电路领域具有应用前景[27]。

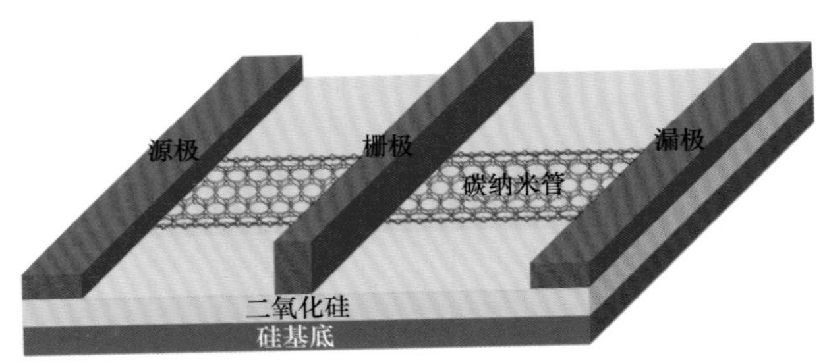

图 2.13　基于碳纳米管芯片的结构示意图

(5) 石墨烯。石墨烯是一种由单层碳原子组成、具有六边形蜂窝状晶格结构的新材料。长期以来，石墨烯被认为是一种无法在室温环境下单独稳定存在的假设性结构。2004 年，英国曼彻斯特大学物理学家安德烈·海姆(Andre Geim，1958 年—)和康斯坦丁·诺沃肖洛夫(Konstantin Novoselov，1974 年—)在实验上证实了石墨烯的存在，并对其物理性质进行了系统表征，从而开启了石墨烯以及其他二维材料研究的热潮。由于在石墨烯相关的理论和实验研究方面的突出贡献，安德烈·海姆和康斯坦丁·诺沃肖洛夫共同获得了 2010 年诺贝尔物理学奖。石墨烯的主要优点包括：①目前最薄的材料，厚度仅为 0.34 nm，十万层石墨烯厚度与一根头发丝直径相当；②力学性能优异，单位重量强度为钢的 100 倍以上；③电子迁移率高，室温下电子迁移率达到 15 000 $cm^2/(V \cdot s)$以上，远高于传统材料；④透光率高，达到 97%以上；⑤导热率高，导热系数高达 5300 $W/(m \cdot K)$。

基于上述优点，石墨烯在多个领域显示出良好的应用前景。例如，利用石墨烯优异的导电性能、透光率以及力学性能，制成的透明导电电极能够用于平板电脑、手机等电子产品触摸屏(图 2.14)[28]。此外，在新能源领域，石墨烯由于优异的导电性能和高比表面积，在锂离子电池、超级电容器、太阳能电池等方面也表现出潜在应用前景。然而，由于石墨烯制备成本高，其大规模应用还有很长的路要走，仍需广大科技工作者的共同努力和探索。

2.2.5　高性能复合材料

顾名思义，复合材料是指将具有不同结构和功能的材料通过结构、组分优化复合而成的新材料。因此，复合材料通常能够兼具不同组分的特性，此外，各组环境和生态问题，对人类的生存和发展造成严重威胁。因此，实现能源领域的低碳排放以及开发可再生清洁能源势在必行。

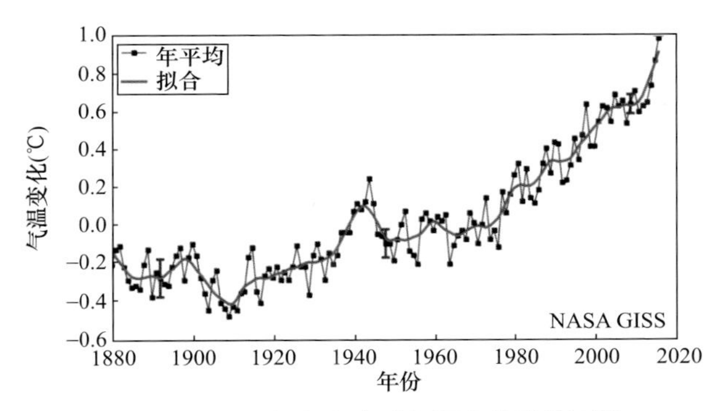

图 3.3 1880 年以来全球气温变化趋势图[6]

3.2 世界碳中和发展策略

所谓碳中和，是指一个国家、企业等在一定时间段内所产生的二氧化碳等温室气体总量，与其通过采用节能减排、植树造林等手段实现的碳捕获量，达到相互抵消，实现相对的二氧化碳等温室气体零排放(图 3.4)[9]。在排放端，温室气体主要来源包括能源消耗、农业和工业过程、废弃物、土地利用与森林变化等方面；在吸收端，温室气体目前主要依靠植物的光合作用、海洋碳汇以及人工碳捕获等过程。

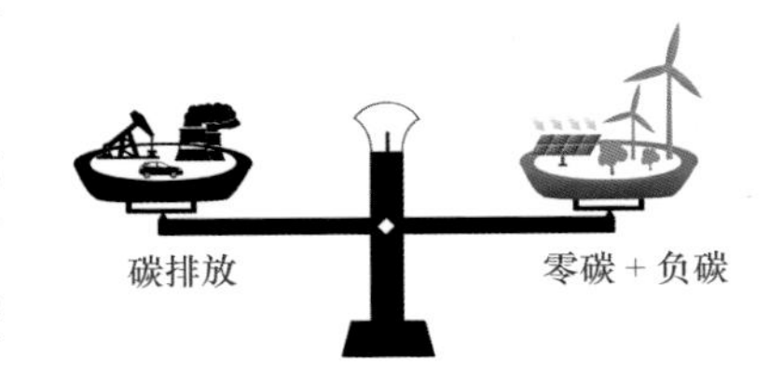

图 3.4 “碳中和”概念示意图

为应对能源危机与全球气候变化等重大挑战，碳中和发展目标目前已逐渐成为世界各国和组织的共识，并纷纷采取积极行动，大力推进节能减排、开发利用可再生能源，以实现人类社会的可持续发展。

3.2.1 联合国在行动

作为目前最大的国际组织，联合国为应对日益加剧的能源与气候危机，一直积极采取行动，大力倡导并推动节能减排、发展新能源等措施。早在 1992 年，联合国促成了《联合国气候变化框架公约》(以下简称《气候变化公约》)，是人类共同应对全球气候变化的关键一步[10]。《气候变化公约》推行至今，已有 197 个国家和地区陆续成为缔约方，在节能环保、发展绿色低碳经济等目标上达成了初步共识。

此后，联合国与世界各国一道，进一步推动气候变化的应对措施以共建一个可持续发展、绿色低碳的未来。1997 年，在日本京都召开了《气候变化公约》的第3次缔约方大会，并通过了《京都议定书》；与《气候变化公约》相比，《京都议定书》具有了一定的法律约束力，明确要求发达国家遵守减排目标。2015年，第21届联合国气候变化大会通过了《巴黎协定》，并于次年在联合国总部举行了协定签署仪式。《巴黎协定》制定了应对气候变化的进度安排和具体目标，其核心目标是实现“与前工业化时期相比将全球温度升幅控制在2℃以内，并争取把温度升幅限制在1.5℃，以及在2050～2100年实现全球碳中和的最终目标，即温室气体的排放与吸收之间的平衡”。此外，《巴黎协定》要求各缔约方制定二氧化碳等温室气体的减排目标，即“国家自主贡献”(NDC)，且每五年更新一次减排进展。据估计，为了将气温升幅控制在1.5℃和2℃以内，从2020年开始到2030年，温室气体的排放量必须每年分别下降7.6%和2.7%[10]。

3.2.2 世界各国碳中和目标

世界各国结合自身发展形势和实际情况也相继发布应对能源和环境危机的政策，并制定了相应的碳中和发展目标，包括优化传统产业、发展低碳排放技术、积极开发利用可再生清洁能源、发展碳捕获技术等，以促进经济社会的可持续和绿色发展(图3.5)。

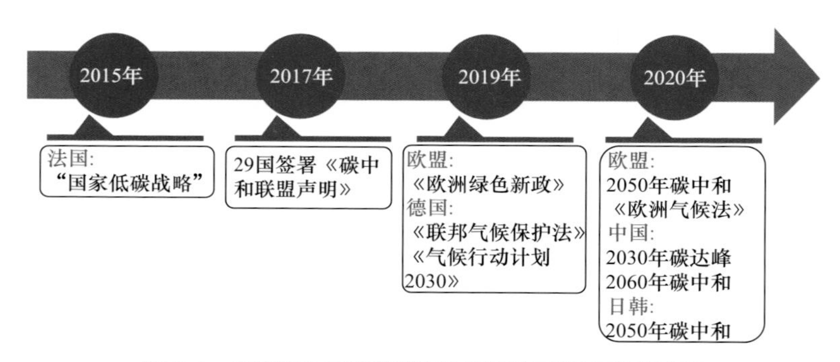

图3.5 世界各国应对能源和环境危机的政策路线图

(1) 欧盟。欧盟是欧洲地区最大规模的区域性经济合作组织。2018年11月，欧盟委员会发布长期发展战略愿景，提出力争在2050年将欧洲建成繁荣、现代、富有竞争力以及气候中和的经济体。2019年12月，欧盟委员会发布《欧洲绿色新政》(European Green Deal)战略文件。作为欧盟新的发展战略，该新政旨在“将欧盟转变为一个公平、繁荣的社会和富有竞争力的资源节约型现代化经济体，到2050年欧盟温室气体达到净零排放并且实现经济增长与资源消耗脱钩”，推进欧洲共同走上可持续、绿色发展之路。与此同时，该新政提出通过大力发展清洁能源，促使欧洲逐步向循环经济转型，以力争欧洲在2050年率先成为全球碳中和大陆，实现欧洲经济的可持续、稳定发展。此外，《欧洲绿色新政》还具体规划了2050

年欧盟实现碳中和目标的路线图，涵盖了能源、工业、建筑、交通、农业等各个领域(表 3.1)[11]。

表 3.1　欧洲绿色新政涵盖的主要内容

领域	发展方向和政策路径
能源	减少煤炭的使用，开发化石燃料脱碳处理技术，开发清洁、高效可再生能源
工业	通过数字化建设，对工业领域进行绿色改革，实现工业领域的转型，包括人工智能、云计算、5 G 和边缘计算等
建筑	开发高能效和高资源效率的建造技术，对建筑进行翻新，提升资源利用效率
交通	提高交通运输系统能源利用效率，取消化石燃料补贴，扩大欧洲碳排放交易领域，提高机动车大气污染物排放标准
农业	设计覆盖食品链各环节的可持续食品政策，减少和降低农药、化肥等的使用
生态保护	通过实施《欧盟新森林战略》，推动欧洲植树造林和森林的保护与修复，实施可持续的海洋“蓝色经济”等

2020 年 9 月，为确保碳中和目标的实现，欧盟委员会进一步提出了《欧洲气候法》(European Climate Law)草案，并决定以立法的形式明确到 2050 年实现碳中和目标，要求欧盟所有机构和成员国按照草案规划制定相关方案，并采取必要措施以顺利实现 2050 年碳净排放量降为零。草案还规定将制定相应的成果评估措施和分步实现 2050 年碳中和目标的路线图，包括欧盟委员会拟制定“2030 年温室气体减排目标”，以及评估 2030～2050 年欧盟温室气体减排轨迹。同时，从 2023 年开始，每隔 5 年对照目标评估欧盟及各成员国温室气体减排的力度和效果，并对与碳中和目标不一致的成员国进行督促和建议。欧盟还建立了温室气体排放贸易机制，实行碳排放权交易和碳税，是目前世界最大的二氧化碳跨国交易项目，成为欧洲减碳的重要举措。欧盟的积极努力和大力推进也取得了显著成效。国际能源署发布的《欧盟 2020 能源政策审查报告》指出，欧洲在电力方面的能源转型进展迅速：相比于 1990 年和 2015 年，欧盟在 2019 年的温室气体排放量分别下降 23%和 17%[12]。

(2) 英国。英国早在 2008 年就出台了《气候变化法案》，并设立独立评估机构“气候变化委员会”，监督评估各部门执行法案的力度和进度，同时根据实际情况给予优化改进建议。此外，2008 年以来，英国开始实施碳预算制度。通过多年的努力，相比于 1990 年，英国 2019 年的碳排放量减少了 41%。为加快实现碳中和目标，英国规划力争 2030 年将在 2020 年碳排放的基础上进一步减少 68%。2019 年，英国政府加强减排力度，将《气候变化法案》原定的“2050 年较 1990 年水平减少 80%”目标，提高到“2035 年将碳排放减少 78%”“2050 年实现净零排放”，并提出定期对上述目标进行跟踪和风险评估[13]。

(3) 法国。法国于2015年首次提出“国家低碳战略”，并建立了碳预算制度。随后，法国政府通过《绿色增长能源转型法》，并设立能源转型和绿色增长的时间表。此外，法国相继制定并实施了《多年能源规划》和《法国国家空气污染物减排规划纲要》等，大力推进节能减排、发展绿色经济。2019年，法国正式提出2050年达成碳中和的发展目标，并通过了发展低碳经济模式和净零排放目标的相关法律。2020年4月，法国颁布《国家低碳战略》法令，设定2050年实现碳中和的目标。与此同时，法国积极开展“绿色外交”，包括主办联合国气候变化大会，作为欧盟轮值主席推动《气候行动和可再生能源一揽子计划》，作为东道主推动并促成《巴黎协定》，展现出大国担当和实现碳中和的决心。

(4) 德国。德国积极通过立法推动减排目标，2019年12月，具有法律约束力的《联邦气候保护法》正式生效，明确在1990年的基础上，2030年碳排放减少55%，以及2050年实现碳中和目标。2021年6月，德国政府对《联邦气候保护法》进行修订，加大减排力度，将2030年减排目标提升至65%，并提出2040年实现88%的减排目标，碳中和时间则提前至2045年，2050年后实现负排放目标。根据《联邦气候保护法》，德国还对能源、工业、建筑、交通、农业等重点行业设立了具体应排放二氧化碳的当量目标，计划根据每年的碳排放报告，建立监测预警机制和碳预算补缺机制，并且每5～10年对《气候行动计划》进行相应的调整。同时，德国设定了联邦碳汇目标，到2030年、2040年、2050年碳汇将分别达到2500万吨、3500万吨和4000万吨二氧化碳当量，以期抵消到2045年不可避免的碳排放量。

此外，德国通过设立“能源密集型工业气候保护能力中心(KEI)”，并通过与科研单位、企业、国际组织和相关机构等的合作交流，加快推动能源密集型产业的脱碳进程。同时，德国联邦环境署制定了2050年实现100%可再生能源电力供应的能源目标，系统论证了实现碳中和目标在技术方面的可行性，并指出太阳能、风电等在德国未来能源体系中的主导地位。

(5) 日本。日本目前的电力大部分仍依赖煤炭和天然气，其温室气体排放量的80%来源于能源领域。据统计，2017年日本能源消费结构中化石能源超过87%。作为世界主要发达国家和资源稀缺国家，日本能源资源严重依赖进口。为此，日本较早开始确立了低碳发展战略，大力加强能源的高效利用，推进低碳经济、循环经济以及与产业发展相互促进的发展思路，力求资源效益最大化、排放最低化。1998年日本就开始颁布《全球气候变暖对策促进法》，在其后的2007年和2008年，分别推出碳税和推动“实现低碳社会行动计划”的实施，并设定日本到2030年，太阳能、风能、水力、生物质能和地热等清洁能源的发电量达到总用电需求量的20%。2012年，日本正式实施全球变暖对策税(新碳税)和购电法政策。为响应碳中和目标，2020 年 7 月，日本政府提出将在 2030 年底前对 100 座老旧、低效的老式燃煤电厂进行暂停或关闭的计划，并计划重点发展下一代太阳能电池等新能源产业。2020 年 10 月，日本政府表示，将力争在 2050 年实现碳中和的发展目标。

日本对能源利用效率的重视，使其节能减排技术一直处于世界前列。例如，日本所生产的汽车具有低油耗、低排放的特点，在国际市场上具有极强的竞争力；日本的《建筑循环利用法》促成其开发出世界上最先进的混凝土再利用技术。目前，日本基本实现了能源消耗与经济增长脱钩。数据显示，2013 年日本单位 GDP 能耗与碳排放仅为我国的 1/7。《联合国气候变化框架公约》国家中，日本人均碳排放峰值水平(9.7 吨/人)远低于美国(22 吨/人)、德国(14 吨/人)以及英国(11 吨/人)[14]。

3.3　我国的碳中和战略与挑战

3.3.1　我国的碳中和战略

作为世界第二大经济体，中国积极响应国际社会的号召，高度重视气候变化等全球问题，大力推进节能减排、调整优化产业和能源结构、发展低碳经济。2016 年，中国政府在联合国总部正式签署《巴黎协定》，表明中国应对气候变化的态度和决心。在“十三五”规划时期，我国单位 GDP 二氧化碳排放量累计下降了 18.2%，能源结构逐步向清洁、低碳方向转变。截至 2019 年，我国国内能源消费总量中，煤炭消费占比下降到 57.7%，超额完成了“十三五”规划 58%的目标任务。此外，相比于 2005 年，2019 年我国单位 GDP 碳排放量降低 47.9%，非化石燃料占一次能源比重达到 15.3%，为保障国家能源安全以及加快新能源革命打下了坚实的基础[15]。

2020 年 9 月，在第七十五届联合国大会一般性辩论上，国家主席习近平宣布，中国将提高国家自主贡献力度，采取更加有力的政策和措施，二氧化碳排放力争于 2030 年前达到峰值，努力争取 2060 年前实现碳中和。2020 年 11 月，党的十九届五中全会审议通过了《中共中央关于制定国民经济和社会发展第十四个五年规划和二〇三五年远景目标的建议》，描绘了“十四五”发展路线图，包括加快推动绿色低碳发展，持续改善环境质量，提升生态系统质量和稳定性，全面提高资源利用效率，推动绿色发展，促进人与自然和谐共生[16]。2020 年 12 月 12 日，国家主席习近平在气候雄心峰会上进一步宣布：到 2030 年，中国单位国内生产总值二氧化碳排放将比 2005 年下降 65%以上，非化石能源占一次能源消费比重将达到 25%左右，森林蓄积量将比 2005 年增加 60 亿立方米，风电、太阳能发电总装机容量将达到 12 亿千瓦以上[17]。碳达峰、碳中和目标以及相关政策的提出，充分展现了中国作为大国的担当和主动承担国际责任的积极态度，以及与世界各国一道共同应对全球气候变化、大力发展绿色低碳经济的决心。

具体而言，我国的碳中和路径将主要分为三个阶段(图 3.6)，包括达峰期(2021～2030 年)、减碳期(2030～2050 年)和中和期(2050～2060 年)。其中，达峰期的主要任务是进行能源结构的调整与优化，包括煤和其他化石能源的低碳利用、天然气替代煤、可再生电力和储能技术的开发利用、交通油改电等；在减碳期，将主要围绕降低二氧化碳排放展开，包括可再生电力大规模利用、电解水规模制氢、工业过程中采用氢能替代碳、发展碳捕获技术等；在中和期，则主要围绕负碳技术应用，包括将可再生能源作为能源体系的主导、增加植物碳汇、实现生物质和碳捕获技术的规模化应用等。在减碳的同时，实现我国 GDP 的稳定增长以及与能源消耗和碳排放的脱钩。

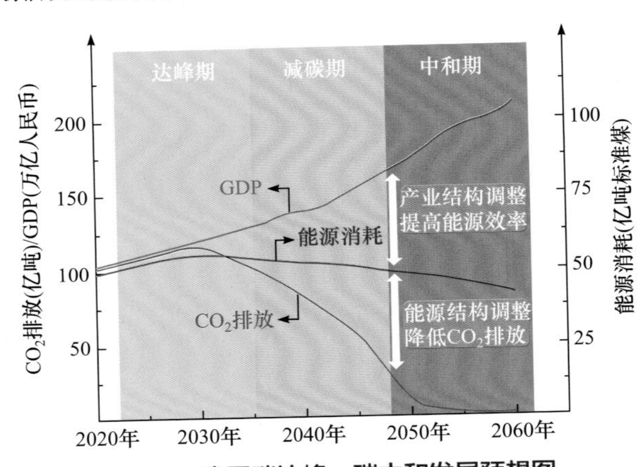

图 3.6 我国碳达峰、碳中和发展预想图

引自中国科学技术大学包信和院士的学术报告，特此致谢

3.3.2 我国的能源结构与发展现状

碳中和的本质是能源问题、气候问题和发展问题。其中，构建合理的能源结构、保障能源安全是实现碳中和发展目标的关键。

从能源储量来看，目前我国面临富煤、缺油、少气的能源现状。我国煤炭、石油、天然气的可采储量分别占全球的 13.3%、1.0%和 1.7%[18]。此外，由于我国人口基数大，截至 2019 年，人均可采储石油和天然气仅为 2.57 吨和 4288 立方米，分别为世界平均值的 7.8%和 16.8%[1]。

从一次能源消耗来看，在经济快速增长的同时，我国能源的消费量也急剧增加。从 1952 年到 2018 年，我国一次能源消费增长了 98 倍，且目前仍保持快速增长趋势。同时，我国人均能耗从 1949 年的 48 千克标准煤增加到 2019 年的 3471 千克标准煤[1]。《中国应对气候变化的政策与行动 2020 年度报告》显示，我国 2019 年煤炭、石油和天然气的消费占比分别为 57.7%、18.9%和 8.1%，而水电、核电、风电、太阳能等非化石燃料占比为 15.3%(图 3.7)[15]。由此可见，化石燃料在我国一次能源消费结构中仍占主导地位，而化石燃料的消费带来大量的碳排放和严重的环境污染问题，极大地增加了我国实现碳中和发展目标的难度。

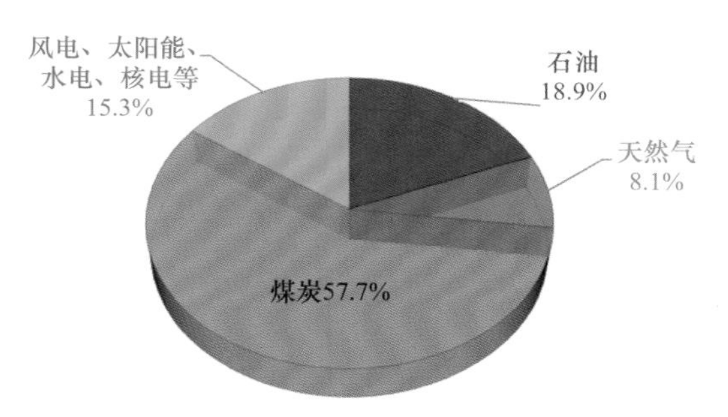

图 3.7　2019 年我国能源消费结构

另一方面，我国一次能源消费结构也导致“能源安全”面临严重的挑战。具体而言，《2020 能源数据》报告显示，2019 年，我国原油净进口量达到 504.84 百万吨(包括进口 505.72 百万吨，出口 0.88 百万吨)，净消费量 692.1 百万吨，对外依存度达 73.0%；天然气(管输气加液化天然气)净进口量达到 1288 亿立方米(包括进口 1323 亿立方米，出口 35 亿立方米)，净消费量 3067 亿立方米，对外依存度达 42.0%；煤炭净进口量达 293.7 百万吨(包括进口 299.7 百万吨，出口 6.0 百万吨)，消费量 3939 百万吨，对外依存度为 7.5%(图 3.8)[1]。特别是，相比于 2000 年，我国石油对外依存度从 26.4%急剧上升到 73.0%。化石燃料的短缺以及石油、天然气等资源对外依存度的上升对我国的能源安全构成了严重的威胁。据预测，到 2030 年，我国石油和天然气的对外依存度都将超过 70%。由此可见，随着供需

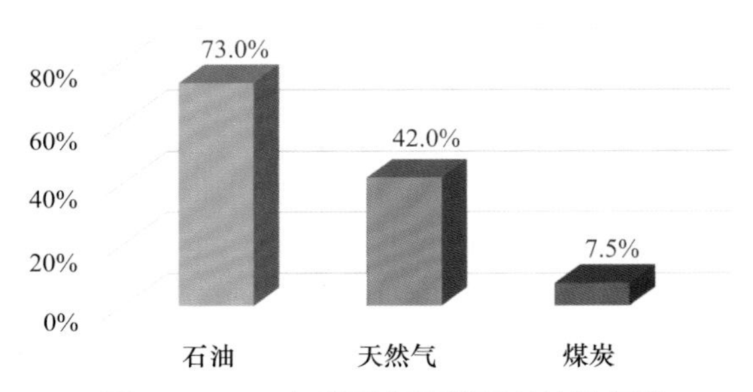

图 3.8　2019 年我国化石能源对外依存度

矛盾的加剧，我国油气不足的问题将更为突出，“能源安全”将面临严峻形势和挑战。

3.3.3 我国碳中和面临的挑战

尽管我国明确了碳中和发展的目标和决心，并制定了相关政策和规划，然而，实现碳中和愿景任重而道远。首先，我国明确分别在2030年和2060年实现碳达峰和碳中和的发展目标，之间的间隔时间仅有30年，远短于德国(55年)、英国(59年)、美国(43年)等世界主要发达国家(表3.2)。基于我国目前的发展水平和发展现状，碳达峰、碳中和目标的达成可谓任务艰巨、时间紧迫。

表3.2 世界各国碳达峰和碳中和时间表对比

国家/地区	碳达峰时间/目标时间	碳中和目标时间	“双碳”间隔时间
德国	1990年	2045年	55年
英国	1991年	2050年	59年
法国	1991年	2050年	59年
美国	2007年	2050年	43年
加拿大	2007年	2050年	43年
日本	2013年	2050年	37年
韩国	2013年	2050年	37年
中国	2030年	2060年	30年

其次，基于当前的能源形势，我国在努力发展经济的同时，积极开发和推行节能减排技术，以提高能源的利用效率、减少碳排放。近年来，通过不断进行产业结构优化与调整，我国单位GDP能耗得到显著降低，但与世界发达国家相比差距仍然明显。根据《2020能源数据》报告，我国每百万美元GDP能耗为341.9吨标准煤，远高于美国的155.3吨标准煤、日本的123.6吨标准煤以及世界平均水平的227.0吨标准煤(图3.9)[1]。另外，在碳排放方面，虽然近年来我国温室气体排放速度逐渐放缓，但人均二氧化碳排放量依然高于世界平均水平。

最后，为了实现碳达峰和碳中和的发展目标，亟须加快优化我国的能源结构，降低化石燃料在一次能源消费结构中的占比，减少对化石燃料的依赖性。具体而言，基于2030年碳达峰、2060年碳中和的发展规划，我国到2030年非化石能源

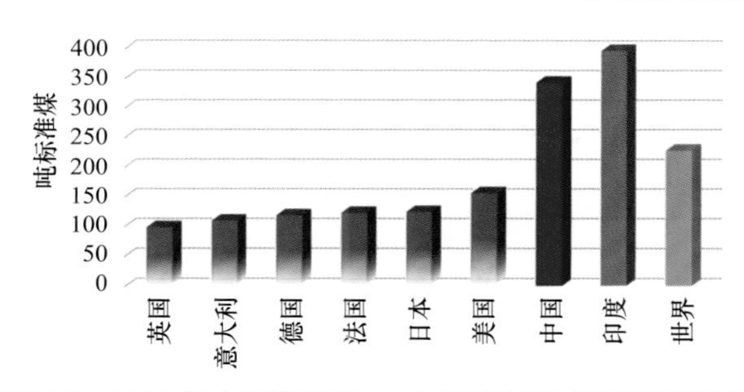

图 3.9　2019 年中国和世界 GDP 能耗对比(每百万美元)[1]

在能源结构中的占比要求超过 25%，而 2060 年则要求超过 80%(图 3.10)[19]。然而，2019 年，我国非化石燃料在一次能源消费结构中的占比还不到 16%，距离碳达峰、碳中和发展目标还有很大的差距。由此可见，实现碳中和目标并不容易。

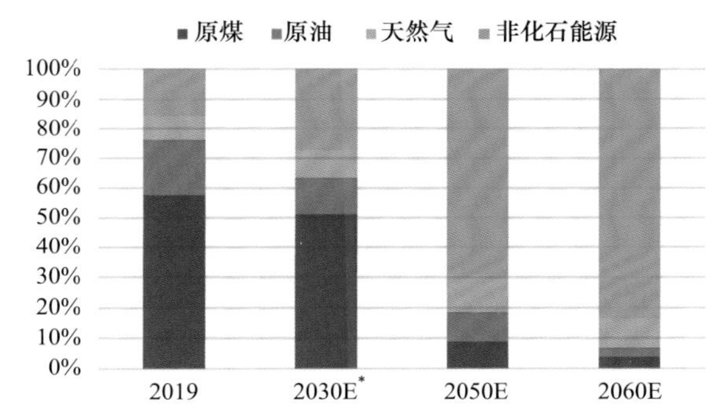

图 3.10　实现碳达峰、碳中和发展目标的能源结构要求[19]

***E 表示预期**

3.4　碳中和与新能源

3.4.1　新能源的战略意义

实现碳中和，即要达到温室气体的排放与吸收之间的平衡。在温室气体排放端，国际能源署《全球能源部门 2050 年净零排放路线图》指出，目前全球温室气体排放中约 3/4 来自于能源部门(图 3.11)[2,20]。因此，减少能源部门的碳排放是实现碳中和愿景的关键。

另一方面，目前世界能源供应 80%以上仍依赖化石能源，而化石能源消耗是二氧化碳等温室气体的主要来源。特别是，从不同化石能源的二氧化碳排放因子比较可以看出(图 3.12)，单位能量生产过程中，煤炭的二氧化碳排放量是石油、天然气的 1.5～2 倍[21]。

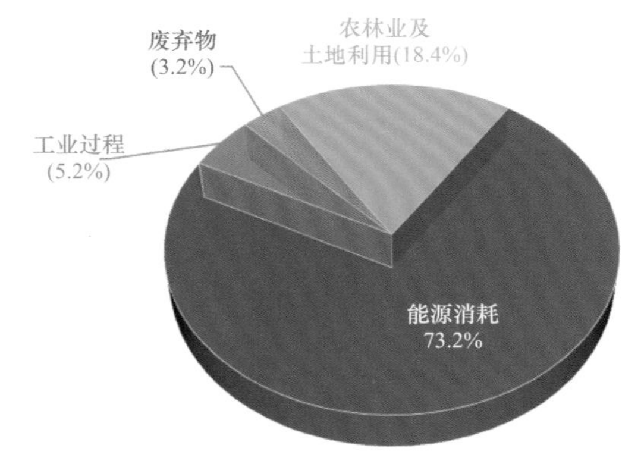

图 3.11　全球温室气体排放来源

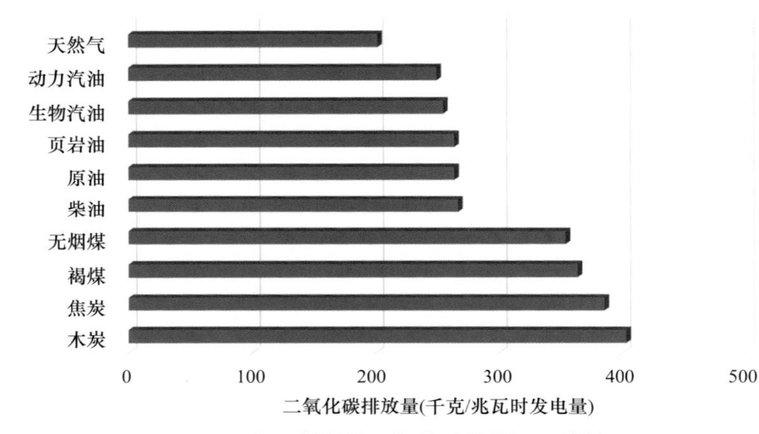

图 3.12　化石燃料的二氧化碳排放因子比较[21]

数据显示，2019 年，我国二氧化碳排放占全球排放量的 29%[22]。由于我国的能源消费结构现状(化石燃料在一次能源消耗中占比高达 84.7%，其中煤炭占比为 57.7%)，2019 年我国能源消费产生的二氧化碳在总排放量中的占比达到 85%，在所有温室气体排放中的占比达到 70%。

由此可见，无论是在世界范围内还是对于我国，无论是从可持续发展还是应对气候变化、实现碳中和发展目标的角度考虑，都要求我们进一步提高化石燃料的利用效率、降低二氧化碳等温室气体的排放量。更重要的是，急需减少对化石燃料的依赖，大力发展清洁能源，提升清洁能源在一次能源消费结构中的占比，以最终实现人类社会的绿色、可持续发展。

3.4.2　新能源概述

新能源是指传统化石能源以外的各种能源形式，包括太阳能、风能、水能、核能、海洋能、地热能、生物质能等多种能源。由于传统化石能源储量有限以及化石能源消耗所造成的环境污染、气候变化等问题日益突出，开发清洁新能源已逐步成为世界各国的共识。作为能源供应体系的有效补充和替代选择，清洁新能源的发展是应对能源危机和气候变化的重要手段，是实现能源体系“零碳”和“负碳”排放的必由之路，是最终达成人类社会绿色和可持续发展的关键途径。

与传统化石能源相比，在各种发电技术中，太阳能、风能、水能等清洁新能源具有明显的可持续性、低碳排放和清洁安全等优势，是实现碳中和发展目标的关键(图 3.13)[23]。

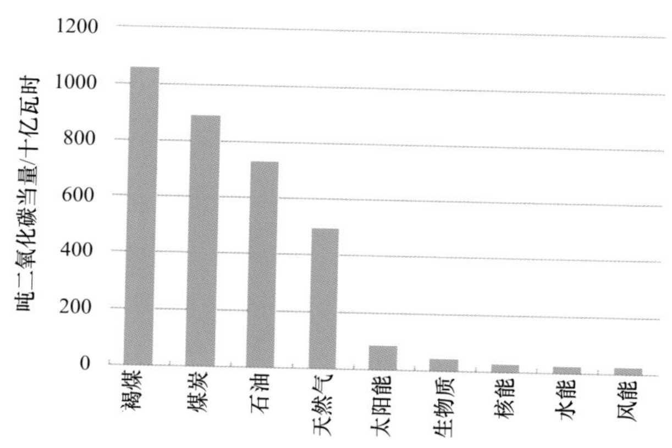

图 3.13 不同发电技术的全生命周期碳排放比较[23]

然而，由于发展水平和技术的限制，目前新能源在经济性和成熟度方面与传统化石能源相比还存在一定的差距。此外，太阳能、风能等可再生新能源的开发往往还受到地理、气候等条件的约束，存在明显的间歇性、不稳定性等问题，一定程度上还受到电网调峰和消纳能力的限制(图 3.14)。

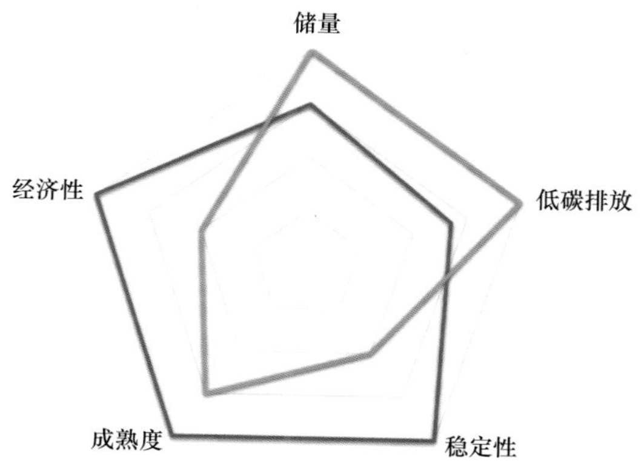

图 3.14 传统化石燃料与可再生能源的比较

引自西安交通大学郭烈锦院士的学术报告，特此致谢因此，为实现新能源的有效开发和利用，需要综合考察能源生产、能源存储、能源输运以及碳补偿等各个环节(图 3.15)。具体而言，在能源生产方面，大力发展太阳能、风能、水能、海洋能、地热能等可再生能源，实现能源生产端的低碳和零碳排放；在能源存储方面，开发金属离子电池、规模储能技术、电解/光解水制氢技术、氢能与燃料电池技术等，实现能源的高效转化与存储；在能源输运方面，发展智慧能源网络，包括能源互联网、车网互动与共享储能、智能多能互补等，实现能源的高效利用；在碳补偿方面，发展高效捕获、高效转化、高效选择等技术，进一步实现能源环节的零碳甚至负碳排放。通过上述各能源环节的系统整合和相互协作，从而实现新能源的高效利用，推动新能源全产业链的发展，提升新能源在一次能源消费中的占比，最终促进碳达峰、碳中和目标的顺利达成。

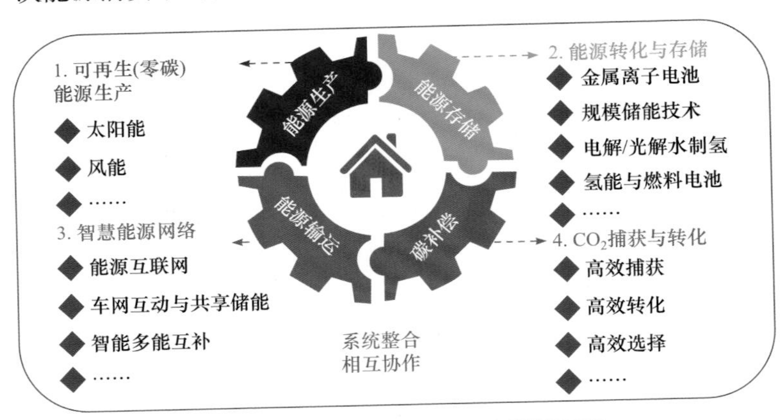

图 3.15 零碳能源体系的几个关键环节

3.4.3 新能源发展概况

在碳中和的时代背景下，世界各国根据自身发展条件和实际情况，优化和调整能源结构，大力加强和推动新能源的发展，新能源产业迎来了高速增长。2010～2019 年间，全球新能源发电装机量以每年 20.2%的速度快速增长。2019 年全球新能源发电装机量达到 1250 GW(十亿瓦)，其中太阳能和风能装机量增速最快，2010～2019 年间分别以每年 35.1%和 14.1%的速度增长。相应地，新能源发电量也持续增加，2010～2019 年间，全球新能源发电量以每年 20.5%的速度增加，与 2010 年相比，2019 年新能源发电量占比从 1.9%提升至 8.1%(图 3.16)[24]。

在世界范围内，由于能源结构、地理位置等差异，各国的新能源发展路径也各具特点(表 3.3)[25]。以欧盟为例，欧盟大部分国家在 20 世纪就已实现了碳达峰，并长期致力于新能源的发展。截至 2019 年，欧盟新能源发电量占比达到 17.8%，高于世界平均水平。例如，德国新能源产业优势明显，2019 年风能、太阳能发电量占比

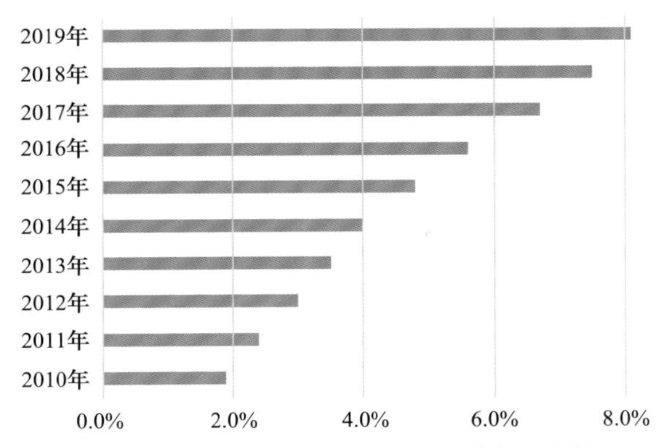

图 3.16　2010～2019 年全球新能源发电量占比[24]

33.4%；作为核电大国，法国一直以来积极发展核能，国内用电量的 71.6%来自核电，目前也逐渐开始布局风能等可再生清洁新能源。总体来看，欧盟目前在新能源渗透率、装机量和发电量等各个指标上均处于领先地位。

表 3.3　清洁/可再生能源及发展具有优势的国家

能源形式	示意图	发展具有优势的国家
太阳能		中国，美国，日本，印度，德国，意大利，英国，法国，澳大利亚，巴基斯坦
风能		中国，丹麦，德国，西班牙，瑞典，荷兰，英国，美国，巴西，澳大利亚
水能		中国，巴西，美国，加拿大，日本，印度，俄罗斯，挪威，土耳其，法国
核能		美国，法国，中国，日本，俄罗斯，韩国，加拿大，乌克兰，英国，瑞典

续表

能源形式	示意图	发展具有优势的国家
地热能		美国，印度尼西亚，菲律宾，土耳其，新西兰，墨西哥，意大利，肯尼亚，冰岛，日本
潮汐能		法国，韩国，中国，加拿大，美国，英国，澳大利亚，阿根廷
生物质能		中国，巴西，美国，印度，德国，瑞典，泰国，英国

作为传统经济强国，英国在开发低碳技术的同时，大力发展包括风能、太阳能、核能等在内的新能源，目前在风力发电技术方面具有领先优势；2019 年英国清洁新能源发电量占比达到 57%。美国作为世界头号发达国家，由于清洁新能源丰富以及凭借领先的科技水平，其新能源产业发展迅速，在风能、太阳能、核能等领域具有技术优势。2019 年，美国清洁新能源发电占比达到 10.3%。此外，作为世界第三大经济体，日本面临资源匮乏的问题，为了降低能源的对外依存度，长期注重核能和氢能的发展，目前在氢能产业的各个环节均具有明显的领先优势。

3.4.4 我国新能源发展现状概述

为保障我国能源生产与供应的安全稳定、顺利实现碳中和目标，构建现代化能源体系具有重要意义。优化和调整能源结构有利于推动我国相关产业的转型和升级，实现高效、低能耗的可持续发展路径。因此，在稳定和完善我国现有能源体系的同时，发展清洁新能源势在必行。

我国新能源发展起步较晚，但经过长期布局和近年来的快速发展，目前我国新能源装机量和利用规模均位列世界首位。2020 年，国务院新闻办公室发布的《新达到 7.9 亿千瓦[26]。随着我国新能源装机规模的不断增长，新能源对传统化石能源的替代趋势日益明显。

近年来，我国太阳能、风能等可再生新能源发展迅速，目前已形成了独特的产业链优势。例如，2009 年开始，我国财政部推出的“金太阳示范工程”、住建部通过补贴推动“光伏建筑应用一体化示范项目”等，促进了我国光伏产业市场的繁荣。截至 2019 年，我国光伏装机量达到 2.043 亿千瓦，2019 年全国光伏发电量达到 2243 亿千瓦时，均位居世界第一[1]。风能利用方面，2019 年，我国风能装机量达到 2.101 亿千瓦，发电量达到 4053 亿千瓦时。此外，值得一提的是，近年来我国新能源汽车产业快速发展，成为引领世界汽车产业转型的重要力量。

然而，尽管我国清洁新能源在一次能源消费结构中的比例稳步提升，但目前占比仍然有限，且距离碳达峰、碳中和目标还有一定距离。因此，有必要进一步大力发展清洁新能源以优化我国能源结构。此外，虽然我国在新能源装机容量上具有一定的优势，但在发电绿色水平以及发电量水平等方面还有待提升。另一方面，针对可再生清洁能源发电波动大、开发利用成本较高、经济效益还不显著等问题，开发和应用新材料以提升其利用效率具有重要意义。

参考文献

[1] 王庆一. 2020 能源数据. 北京：绿色创新发展中心，2021-04-30. https://www. efchina.org/Attachments/Report/report-lceg-20210430-3/2020%E8%83%BD%E6%BA%90%E6%95%B0%E6%8D%AE.pdf.

[2] Ritchie H, Roser M. Emissions by sector: Where do global greenhouse gas emissions come from?[2022-03-15]. https://ourworldindata.org/emissions-by-sector.

[3] NOAA Global Monitoring Laboratory. Carbon dioxide peaks near 420 parts per million at Mauna Loa observatory. 2021-06-07. https://research.noaa.gov/article/ArtMID/587/ArticleID/2764/Coronavirus-response-barely-slows-rising-carbon-dioxide.

[4] United Nations Environment Programme Copenhagen Climate Centre(UNEP). Emissions Gap Report 2020. 2020-12-09. https://www.unep.org/emissions-gap-report-2020.

[5] World Meteorological Organization Greenhouse Gas Bulletin. The State of Greenhouse Gases in the Atmosphere Based on Global Observations through 2020. 2021-10-25. https://library.wmo.int/doc_num.php?explnum_id = 10904.

[6] National Aeronautics and Space Administration Goddard Institute for Space Studies. GISS Surface Temperature Analysis (v4). [2022-03-18]. https://data.giss.nasa.gov/gistemp.

[7] United Nations. Climate Change. [2022-03-15]. https://www.un.org/zh/global-issues/climate-change.

[8] World Meteorological Organization. State of the Global Climate 2020 (No. 1264). [2022-03-

15]. https://www.un.org/zh/climatechange/reports.
[9] 安永碳中和课题组. 一本书读懂碳中和. 北京: 机械工业出版社, 2021.
[10] 历届气候变化大会成果. 中国清洁发展机制基金. 2018-06-20. https://www.cdmfund.org/20706.html.
[11] 徐庭娅, 柴麒敏.《欧洲绿色新政》解读及对我国的启示与借鉴. 世界环境, 2020, 2: 63-67.
[12] International energy Agency. European Union 2020-Energy Policy Review. 2020-06. https:// iea.blob.core.windows.net/assets/ec7cc7e5-f638-431b-ab6e-86f62aa5752b/European_Union_2020_Energy_Policy_Review.pdf.
[13] 田丹宇. 欧洲应对气候变化立法进展及启示. 中国环境报, 2021-07-13.
[14] 田成川, 柴麒敏. 日本建设低碳社会的经验及借鉴. 宏观经济管理, 2016, 1: 89-92.
[15] 生态环境部. 中国应对气候变化的政策与行动 2020 年度报告. 2021-07-13. https://www.mee.gov.cn/ywgz/ydqhbh/syqhbh/202107/W020210713306911348109.pdf.
[16] 周树春. 把握好阐释好中国现代化新征程的发展大逻辑. 人民论坛•学术前沿, 2020, 22: 6-10.
[17] 王秀强. 朝阳之晖, 与时并明——2020 年中国风电行业回顾与展望. 能源, 2021, 2: 60-65.
[18] 郑新业. 中国能源革命的缘起、目标与实现路径. 人大国发院系列报告•年度研究报告, 2015-02. http://nads.ruc.edu.cn/upfile/file/20150324170812_38300.pdf.
[19] International Energy Agency. An energy sector roadmap to carbon neutrality in China. 2021-09. https://iea.blob.core.windows.net/assets/9448bd6e-670e-4cfd-953c-32e822a80f77/ Anenergysectorroadmaptocarbonneutralityin China.pdf.
[20] International Energy Agency. Net Zero by 2050 – A Roadmap for the Global Energy Sector. 2021-05. https://iea.blob.core.windows.net/assets/327b3e18-319c-4107-9b97-8c5a1a79b94e/NetZeroby2050-ARoadmapfortheGlobalEnergySector_Chinese.pdf.
[21] Intergovernmental Panel on Climate Change (IPCC). 2006 IPCC Guidelines for National Greenhouse Gas Inventories. 2006. https://ourworldindata.org/grapher/carbon-dioxide-emissions-factor.
[22] 能源低碳发展要做好碳排放的加减乘除. 科技日报, 2020-12-10. http://www.xinhuanet.com/energy/2020-12/10/c_1126842995.htm.
[23] Comparison of Lifecycle Greenhouse Gas Emissions of Various Electricity Generation Sources. World Nuclear Association. 2011-07. https://www.world-nuclear.org/uploadedFiles/org/WNA/Publications/Working_Group_Reports/comparison_of_lifecycle.pdf.
[24] 袁伟, 王彩霞, 叶小宁. 国内外新能源发展现状、市场趋势对比分析. 国网能源院: 中国电力, 2020-06-22. https://guangfu.bjx.com.cn/news/20200622/1083008.shtml.
[25] Renewable Energy Sources: A Brief Summary. [2022-03-15]. https://www.alternative-energy-tutorials.com/renewable-energy/renewable-energy-sources-a-brief-summary.html.
[26] 国务院新闻办公室.《新时代的中国能源发展》白皮书. 新华社, 2020-12-21. http://www.gov.cn/zhengce/2020-12/21/content_5571916.htm.

第4章 新材料对碳中和的关键支撑作用

能源是人类社会赖以生存和发展的基础，而能源消耗是目前碳排放和环境污染的主要来源。因此，在保障能源稳定供应的同时，通过提升能源的利用效率、优化现有能源结构、发展清洁新能源以减少对传统化石燃料的依赖，是实现碳中和发展目标以及人类社会绿色可持续发展的关键。按不同能源形式划分，具有规模化应用前景的清洁新能源包括太阳能、风能、水能、核能、海洋能、地热能、生物质能等；按能源使用的不同环节，又分为能源生产、能源转化与存储、能源输运以及能源消耗等各个方面。为实现清洁新能源的高效利用，关键新材料的开发和使用具有决定性的影响。

4.1 新材料与太阳能

广义而言，太阳是地球上一切能量的来源，包括太阳能、风能、水能、生物质能、潮汐能、地热能等。据估计，太阳每年辐射到地球表面的能量约为23 000 TWy(1TWy为1万亿瓦 × 1年)，远高于全球一年的能源消耗(约18.5 TWy)，见表4.1[1]。换句话说，如果能够将太阳辐射能的一小部分进行收集利用，即能够满足人类所需的一切能源需求。

表4.1 不同能源形式的比较[1]

传统能源(总量)		新能源(每年)	
煤炭	830 TWy	太阳能	23 000 TWy
石油	335 TWy	风能	75～130 TWy
天然气	220 TWy	生物质能	2～6 TWy
		水能	3～4 TWy
		地热能	0.2～3 TWy

续表

传统能源(总量)	新能源(每年)	
	波浪能	0.2～2 TWy
	潮汐能	0.3 TWy

太阳能由于来源丰富、清洁环保等特点，在各种能源形式中优势明显。因此，大力发展太阳能对能源结构的优化、经济社会的可持续发展以及实现碳中和愿景都具有重要意义。太阳辐射能的 97%以上位于 290～2500 nm 的波长范围[2]。基于不同太阳辐射能波长，目前太阳能主要的收集利用手段包括光电化学转换(400～700 nm)、光电转换(400～1100 nm)以及光热转换(760～2500 nm)等(图 4.1)。其中，关键新材料的开发和应用是实现太阳能高效转化和利用的基础。

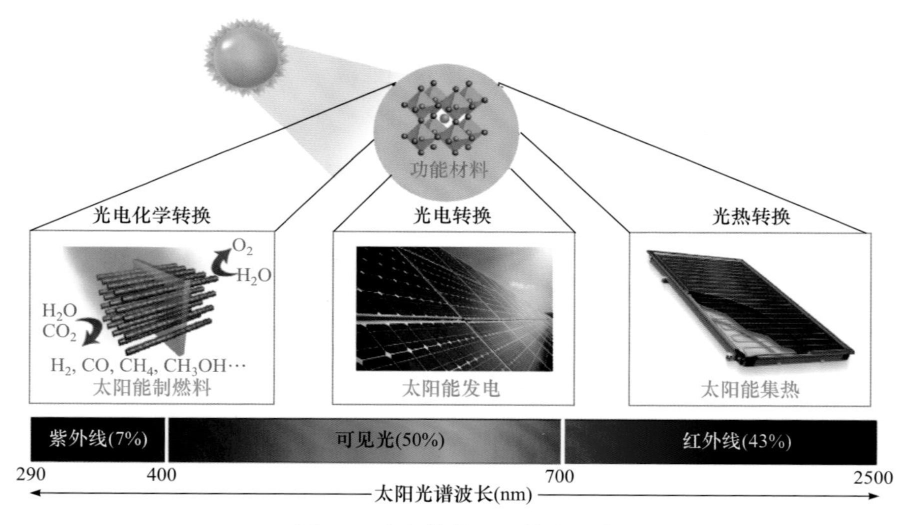

图 4.1 太阳能的不同转化形式

4.1.1 新材料与光伏电池

基于光电转换的光伏电池技术是太阳能利用的一个重要途径。1954 年，美国贝尔实验室科学家皮尔松开发出基于单晶硅的太阳能电池，并实现了 6%的光电转换效率，从此开启了太阳能光伏电池技术应用的序幕。

太阳能光伏器件的典型结构和工作机理如图 4.2 所示。其基本结构为由 P 型和 N 型半导体构成的 PN 结，由于 PN 结处的载流子浓度不同，载流子的扩散形成了内建电场。PN 结吸收太阳能辐射产生的电子-空穴对，在内建电场的作用下发生分离：电子向 N 型半导体侧移动，空穴迁移到 P 型半导体侧，从而可以向外电路输出电流。由此可见，上述太阳能光伏电池的性能发挥关键在于提升 PN 结对太阳光的吸收和转化效率。

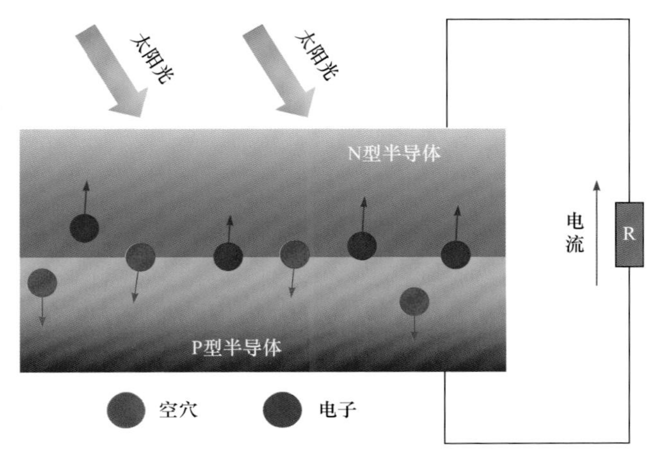

图 4.2　太阳能电池工作机理示意图

光伏材料(如 P 型、N 型半导体)对太阳能电池的转换效率具有直接影响。理想光伏材料需具备的特点包括：①合适的禁带宽度以提升太阳光的吸收效率；②光生载流子效率高、复合率低；③使用寿命长、稳定性好；④低成本、绿色环保。

在太阳能电池的发展历程中，光伏转换效率的提升是其规模化利用的关键。经过半个多世纪的研究，光伏材料经历了单晶硅、无机光伏、有机光伏、钙钛矿等的发展历程，太阳能光伏电池发电效率得到显著提升的同时，发电成本也大幅降低。基于不同光伏材料的应用，太阳能光伏电池的发展可以分为三个主要阶段：第一代晶硅太阳能电池，包括单晶硅电池和多晶硅电池；第二代薄膜太阳能电池，包括碲化镉(CdTe)、砷化镓(GaAs)、铜铟硒(CuInSe)、铜铟镓硒(CIGS)、非晶硅太阳能电池等；第三代新概念电池，包括有机太阳能电池、染料敏化太阳能电池、钙钛矿太阳能电池、量子点太阳能电池等(图 4.3)。以下对几种典型光伏电池材料体系进行简要介绍。

(1) 硅基光伏材料。硅基光伏材料主要包括单晶硅、多晶硅以及非晶硅。单晶硅具有禁带宽度适中、光电转化效率高等优点，理论光电转换效率达到 28%。自单晶硅光伏器件面世以来，经过长期的研究，光电转换效率得到了显著提升，最高光电转换效率已超过 26%，接近理论值[3]。作为发展最早、技术最为成熟的光伏器件，目前单晶硅太阳能电池已形成了较为完善的产业链，占据光伏产业的大部分市场份额。尽管如此，单晶硅仍面临生产成本高的问题，导致相应的光伏器件价格较为昂贵，越来越难以满足光伏产业快速发展的需求。

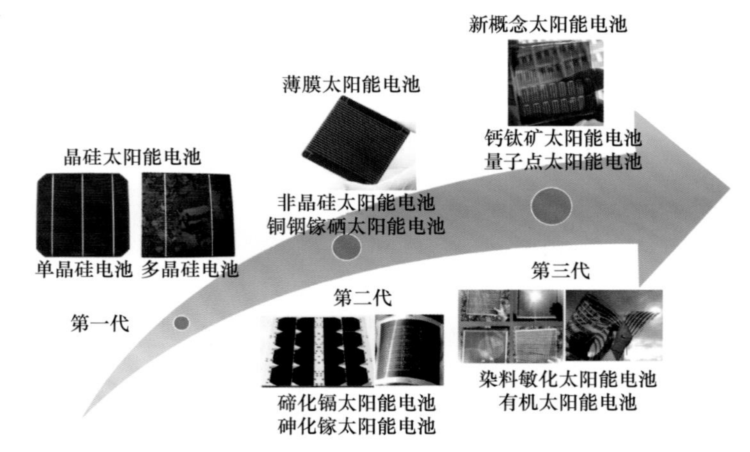

图 4.3　太阳能光伏电池的发展历程

相比于单晶硅，多晶硅制备工艺简单，生产成本大幅降低，适用于大规模生产和应用。然而，由于禁带宽度的限制以及多晶晶界处易造成光生载流子复合，导致多晶硅光电转换效率低于单晶硅。为提高多晶硅太阳能电池的转换效率，通常采用的改进手段包括增加晶粒尺寸、表面钝化、绒面结构设计等[4]，目前多晶硅太阳能电池的光电转化效率能够达到 22.0%以上。

首个非晶硅太阳能电池由美国科学家卡尔森通过在导电玻璃或不锈钢衬底上沉积非晶硅薄膜制成。由于非晶硅太阳能电池材料成本低、工艺简单，有利于大规模应用。然而，非晶硅缺陷多，难以在材料内部形成稳定的 PN 结，导致电荷收集效率低。为了提升非晶硅太阳能电池的效率，通常的手段包括元素掺杂、绒面设计、叠层技术等。经过长期大量的研究，非晶硅太阳能电池光电转换效率不断取得突破。例如，通过金属催化化学腐蚀法制绒得到的非晶硅太阳能电池，转化效率能够达到 18.9%[5]。

(2) 无机型光电转换材料。除了硅基材料，基于Ⅲ～Ⅳ族的半导体材料也是一类常用的光电转换材料。Ⅲ～Ⅳ族的半导体材料具有直接带隙，且太阳光吸收波段较宽，有利于提升光生载流子效率。此外，无机光电转化材料通常采用铜(Cu)、铟(In)和锌(Zn)等地壳中储量较为丰富的矿物元素，有利于降低光伏器件的原料成本。其中，铜铟镓硒(CIGS)是直接带隙半导体，且能够通过镓含量的调节获得带隙连续可调(1.0～1.7 eV)的光伏材料，吸光性能优异，其理论光电转换效率达到 25%～30%。因此，铜铟镓硒太阳能光伏电池自面世以来就受到了广泛关注(图 4.4)。目前，铜铟镓硒的光电转换效率达到 23%，但仍面临大规模产业化过程中光电转化效率不高的问题[6]。

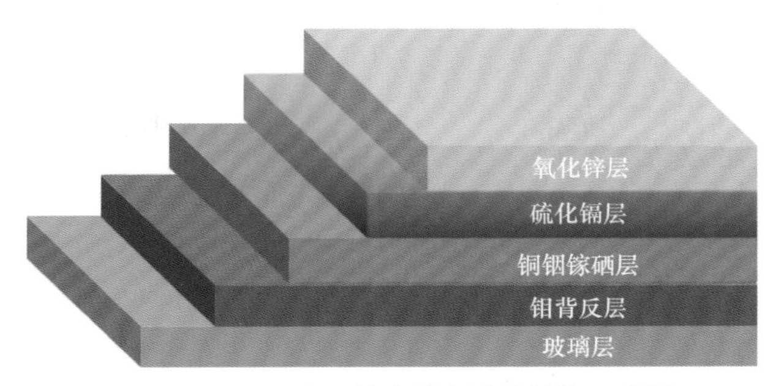

图 4.4　CIGS 太阳能光伏电池的结构示意图

(3) 有机光电转换材料。相比于无机材料，有机材料具有成本优势。此外，有机光电转换材料质量轻、制备工艺简单，规模化应用前景广阔。有机太阳能电池主要由阴极、阴极界面层、有机吸光层(包括给体、受体)、阳极界面层、阳极等构成。如图 4.5 所示，有机光伏器件在吸收太阳光辐射后，给体中的电子受激发从最高占据分子轨道(HOMO)能级跃迁到最低未占据分子轨道(LUMO)能级，形成电子-空穴对；在给体-受体界面处，电子-空穴对发生分离，即电子通过受体流向阴极而空穴通过给体流向阳极，从而产生电流。然而，传统有机材料通常存在电子/空穴迁移率较低、光电转换效率有限的问题。研究表明，富勒烯衍生物如苯基-C_{61}-丁酸甲酯(PCBM)由于具有 LUMO 能级低、电子迁移率高等特点，作为受体材料能够提升有机太阳能电池的光电转化效率。然而，富勒烯衍生物的高成本是其产业化应用面临的主要难题。

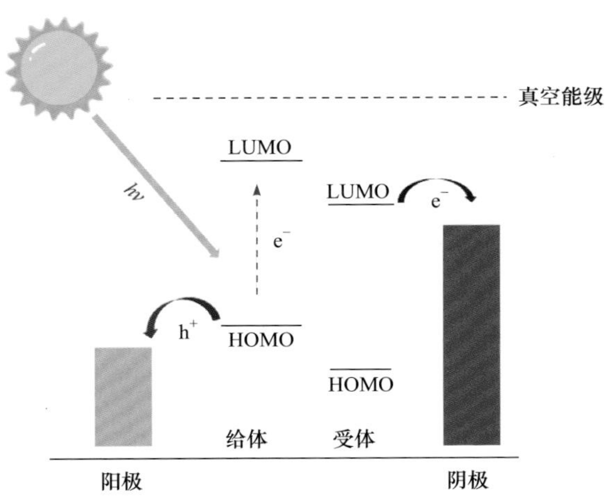

图 4.5　有机太阳能电池的工作机理示意图

(4) 其他光伏材料。随着材料的发展与进步，越来越多的新材料被研究用于太阳能光伏器件。钙钛矿是一种新型太阳能电池材料，具有光子吸收系数大、载流子迁移率高、能够同时传导电子和空穴等优点。现已报道的钙钛矿光伏器件光电转换效率达到 25.5%[7]。此外，钙钛矿由于成本低、制备工艺简单、柔性好、易于大面积制备，成为目前太阳能电池领域的研究热点。染料敏化太阳能电池利用纳米二氧化钛等半导体材料及光敏材料实现太阳能向电能的转化。其中，光敏材料包括部花菁、香豆素、吲哚啉、N719、Z910 等染料分子，原料来源丰富。因此，染料敏化太阳能电池具有成本低、工艺简单等优势。目前，染料敏化电池的光电转化效率达到 13%，但仍存在长期工作条件下器件稳定性差的问题[8]。

综上可见，太阳能电池的发展和进步与材料紧密相关。随着新材料的开发应用，以及光伏技术和工艺水平的提高，太阳能光伏转换效率得到逐步提升(图 4.6)[9]。然而，光伏产业的发展仍存在一定的挑战。例如，单晶硅太阳能光伏电池面临着成本高、能耗高等问题，而具有成本优势的有机光伏电池效率低、稳定性较差。因此，有必要对单晶硅材料的生产加工工艺进行优化改进，同时开发高效、低成本新型非硅光伏材料及器件，并通过材料结构改性与工艺优化，提升光电转换效率。除了光伏器件本身以外，通过人工智能、大数据分析等新兴技术，对光伏电站进行智能化改造也是提升光伏设施光电转换效率和利用率的有效途径。

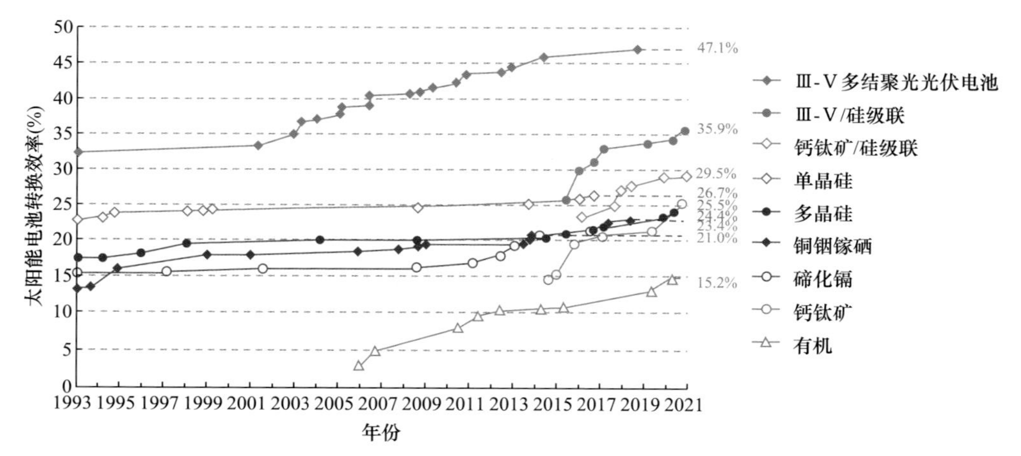

图 4.6　光伏材料与太阳能电池转换效率对比图[9]

4.1.2　新材料与光热转换

光热转换是太阳能利用的另一有效途径。光热转换即采取一定的技术手段将太阳辐射能进行收集，聚集的热量在达到一定温度后可以满足不同应用场景的使用需求。因此，提高光热转换效率是太阳能利用的关键。与太阳能光伏器件类似，提高光热转化效率的主要途径在于高效光吸收和转换材料的开发和利用。具体而言，光热转换过程所涉及的关键材料包括集热材料、储热材料、热电材料等。

1. 集热材料

光热效应是由于集热材料与入射光发生相互作用，导致材料晶格中的原子振动加强，进而材料温度升高的现象。不同材料对于太阳光辐射的吸收存在明显差异，如黑色物质通常具有较好的太阳光吸收能力。另外，材料自身还存在热辐射问题，会造成热量的散失。因此，对于集热材料的设计开发，除了考虑太阳能的吸收外，如何减少由于辐射带来的热散失同样重要。鉴于此，理想的集热材料需满足以下条件：①太阳光辐射波长范围内光子吸收率高；②热辐射损失低；③使用寿命长、成本低等。

太阳能平板热水器是集热材料应用的一个典型代表，其工作原理如图 4.7 所示：入射光透过透明盖板照射集热体，将太阳辐射能转化为热能，并传递给集热器底部的冷工质；被加热的冷工质将热量从集热体中导出，实现对热能的收集和存储。平板集热器的核心部件包括集热体、透明盖板、隔热层和壳体等四个主要组成部分。作为光热转换的核心组件，集热体通常采用金属材料制成，且表面涂有黑色涂料或光吸收涂层，用于提升太阳光的吸收率同时降低入射光的反射。其他部件如透明盖板则主要用于减少集热体向环境的散热损失，并对集热体进行保护；隔热层用于降低集热体的散热损失，壳体则将各组件密封为一个整体进行保护。

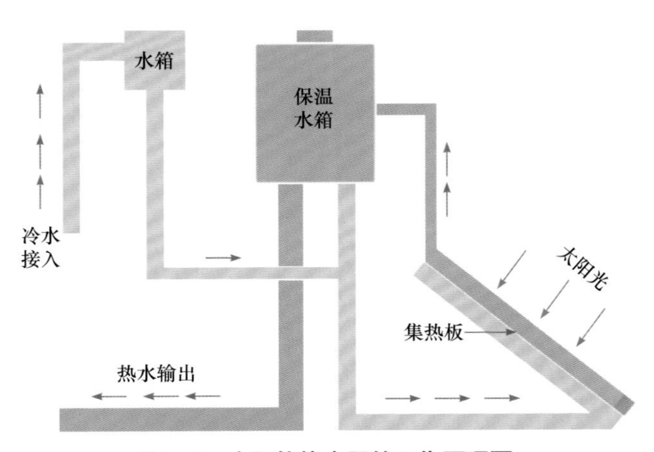

图 4.7　太阳能热水器的工作原理图

通常而言，热散失主要包括辐射、传导和对流三种方式。为减少热散失，20 世纪 80 年代，人们发明了基于全玻璃真空管的集热器(图 4.8)。真空管能够显著降低由于辐射、传导和对流等过程引起的热散失，因此显著提高了集热器的热转化效率。此外，由于集热体选择吸收涂层处于真空环境，避免了氧化问题，提升了真空管集热器的使用寿命。然而，相比于平板集热器，真空管集热器面临着易炸管、低温冻裂、承压运行能力不足以及与建筑物匹配性差等问题。

图 4.8 基于全玻璃真空管的热水器实物图

图片来源：摄图网

2. 储热材料

储热材料主要分为显热储热材料和相变储热材料(图 4.9)。显热储热材料通过材料温度的变化进行储热，如水、金属、沙子、熔融盐等，对材料的比热容要求较高。相变储热材料则通过材料的相变进行潜热存储，具有储热密度大、近似恒温等优点，应用场景广泛。典型的有机类相变材料包括石蜡、脂酸类材料、高分子化合物材料等。目前对于相变储热材料的研究较多，但实现应用的还较少。

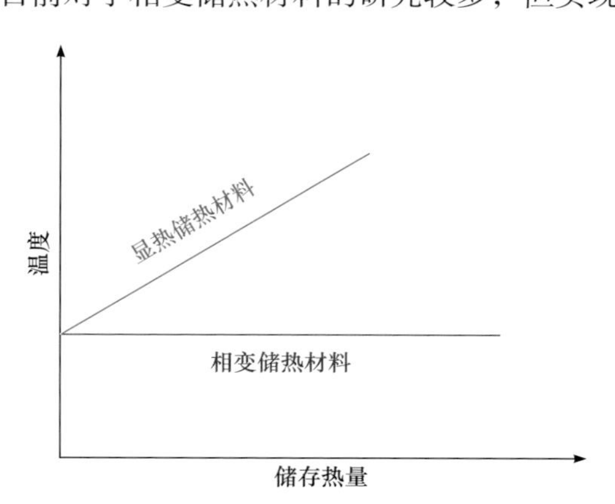

图 4.9 储热材料储存热量与温度变化的关系示意图

3. 热电材料

热电效应研究起源于 19 世纪，研究人员发现，当热电材料接触到热端和冷端后，由于材料内部载流子移动速度的差异，造成载流子向冷端富集，从而在材料内部产生电场，形成电势差，即塞贝克电位[10]。在外接电路下，热电器件能够向外界输出电流，实现热电转化(图 4.10)。由于热电器件结构简单，在日常生活、军事、航空等领域具有潜在应用前景。例如，在深空探测方面，核能电池利用放射性同位素衰变产生热量，进一步通过热电材料进行发电，为深空探测设备相关器件提供电能。

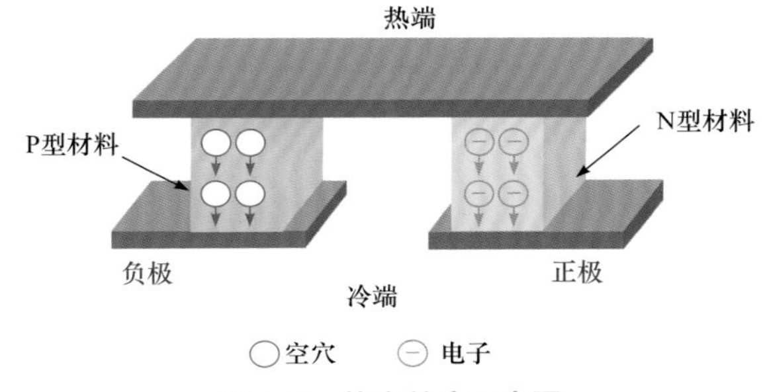

图 4.10　热电效应示意图

理想的热电材料需要具有较大的塞贝克系数、低热导率以及高电导率，从而获得高的温差电效应、实现热量的有效聚集和减少焦耳热损失。目前，研究较多的热电材料包括碲化铅(PbTe)、碲化铋(Bi_2Te_3)、锗化硅(SiGe)等。近年来，随着二维材料的兴起，研究发现，二硫化钨(WS_2)等过渡金属硫属化物也是一类具有发展前景的热电材料，并逐渐成为研究的重要方向。此外，考虑到成本和规模化应用的需求，具有成本优势的有机-无机复合热电材料也开始受到关注。

4.1.3　新材料与光催化

植物利用太阳能进行光合作用是人类生活所需能量和氧气的主要来源。如图 4.11 所示，植物叶片叶绿体通过吸收太阳光，并以水和二氧化碳作为主要原料进行光合作用，最终产生氧气和糖类等碳水化合物，供大部分生命体的新陈代谢活动。因此，除了实现对太阳能的高效转化外，光合作用还是一种负碳过程，是实现碳中和目标的关键环节。

基于光合作用的特点，早在 20 世纪 70 年代，人们就开始试图模拟自然界中的光合作用，即发展“人工光合作用”。人工光合作用通过结合纳米技术、材料工程和其他相关技术手段，模仿自然界植物的光合作用，以实现太阳能向氢能以及有机化合物的转化。在光合作用过程中，最为关键的步骤之一是利用太阳光将水分解产生氧气、氢离子和电子的反应。上述过程中产生的氢离子通过进一步与二氧化碳发生加氢反应，生成葡萄糖等有机化合物。因此，为实现高效“人工光合作用”，利用太阳能进行高效水分解是主要研究内容之一。经过大量的研究工作，虽然在光解水研究方面已经取得了一些进展，但与自然界光合作用在接近中性条件下即能实现高效水分解还存在较大的差距。例如，目前“人工光合作用”光解水反应条件较为苛刻，通常需要在强酸、强碱等溶液环境中进行，并需要采用铂等贵金属催化剂，导致光解水成本高昂，限制了其大规模应用。

图 4.11 自然界光合作用示意图
图片来源：摄图网

4.2 新材料与风能

风能本质上源于太阳辐射能，蕴藏量大、分布广泛。据世界气象组织统计，全球可利用的风能达到200亿千瓦[11]。风力发电是目前风能利用的主要途径之一，即通过风力带动风机叶片转动，实现风能转化为机械能并进一步产生电能的过程，具有无污染、低成本、装机规模灵活、建设周期短等优点。特别是对于交通不便的偏远地区，如高原、山区、岛屿等，风力发电发挥着重要作用(图 4.12)[12]。

近年来，风力发电装机量快速增长。据统计，全球风电装机量从 2010 年的1.98 亿千瓦(198 GW)增加到 2019 年的 6.50 亿千瓦(650 GW)，10 年间增加了 2 倍多[图 4.13(a)][13]。与此同时，风力发电的成本逐步下降，相较于传统化石燃料的优势得到加强。例如，凭借着雄厚的科技实力，目前美国的风力发电成本最低，仅为0.018美元/千瓦时，优势明显；我国目前风力发电成本达到0.046美元/千瓦时，逐渐接近发达国家水平[图4.13(b)][14]。

图4.12　风力发电装置实景图

(左)山区风力发电装置；(右)海上风力发电装置(图片来源：摄图网)

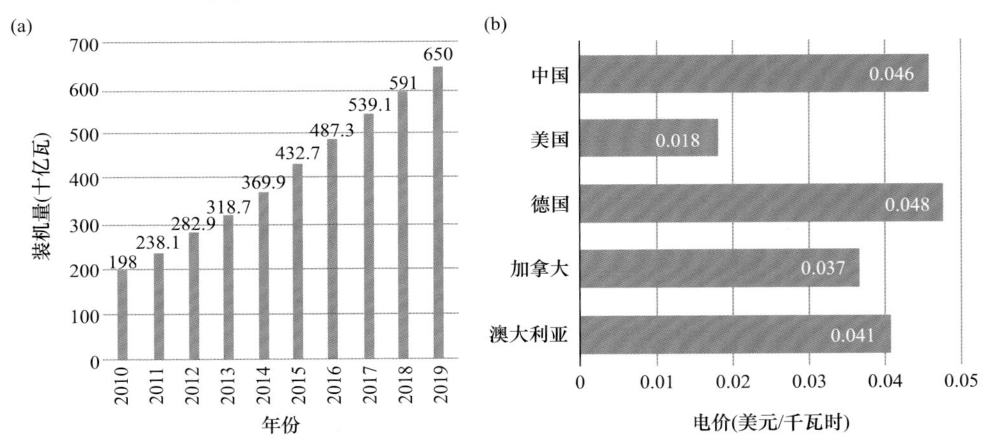

图4.13　(a)全球风力装机量统计；(b)部分国家陆上风电最低上网电价

风力发电装置决定了风能利用的效率。风力发电装置主要有水平轴风机和垂直轴风机两种，其中水平轴风机为现有的主力机型，主要由风机叶片、转轴器(增速器)、支撑塔、发电机、变频器等部件构成(图4.14)。其中，风机叶片用于风能的收集，并将风能转化为机械能；转轴器也称增速器，用于提升转子的转速；支撑塔是风力发电装置的承载部件；发电机和变频器将机械能进一步转化为电能。

由于风力发电条件苛刻、工况复杂，因此对各部件的材料性能提出了较高的要求。以风机叶片为例，风机叶片是影响风力发电装置性能和整体效益的关键。粗略估算，叶片约占风机总成本的25%。由于风能的利用率随风机叶片半径的增大而增加，风机叶片的大型化成为发展趋势。叶片大型化在提升风机发电效率的

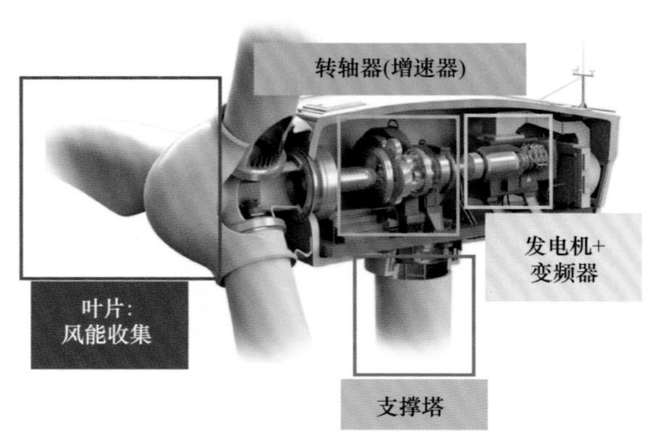

图 4.14　风力发电装置与部件

同时，其体积和质量也显著增加，对叶片的力学性能和制造工艺提出了更高要求。因此，叶片的轻量化设计必不可少。与此同时，风机叶片往往还需要承受砂石冲击、紫外线照射等恶劣条件，研制具备高机械强度、耐高温、抗腐蚀、耐疲劳、易加工等特性的叶片材料成为重要的研究课题。

具体而言，风机叶片主要采用由增强材料、基体材料、夹芯材料等组成的复合结构[15]。经过多年的研究和发展，目前风机叶片在材料选择、结构设计等方面都有较大的改进。增强材料从早期的刚性材料(如亚麻布木板、钢材、铝合金、工程塑料等)发展到目前以玻璃纤维、碳纤维等为主的复合材料，叶片在实现轻量化的同时，机械性能、抗疲劳能力、耐腐蚀性能也大幅提升。另外，相比于传统玻璃纤维复合材料面临刚性不足的问题，新型碳纤维复合材料具有刚度大、比重小等优势，成为大型风机叶片的理想材料。在基体材料方面，环氧树脂具有力学性能良好、耐蚀性优异以及结构稳定等优点，成为基体材料的主要成分；聚氨酯材料由于设计性强、力学性能优异、耐疲劳性能好、固化快以及与其他材料相容性良好等特点，近年来也逐渐受到关注。夹芯材料用于提高叶片的刚度、增加叶片稳定性并起到减轻叶片质量等作用，目前最常用的夹芯材料为聚氯乙烯(PVC)、聚甲基丙烯酰亚胺(PMI)泡沫和 Balsa 轻木等。针对 PVC 难降解、不易回收的问题，近年来聚对苯二甲酸乙二醇酯(PET)等热塑性泡沫开始逐渐受到重视。

随着风电的发展，除了风机叶片，风机发电装置中的其他主要部件包括转轴器(增速器)、支撑塔、发电机等对关键材料的性能要求也逐步提升。例如，转轴器具有增速功能，需要具备灵敏度高、耐磨损等特点，因此通常采用高强耐磨钢材料；发电机要求无磁损耗、变频快，通常采用永磁材料；支撑塔作为承重和支撑部件，要求抗腐蚀、高强度，通常采用抗腐蚀钢材、混凝土等；其他部件如机舱壳、电缆、偏航系统等，起到保护发电机和转轴器，并提供导向等作用，通常采用强韧钢材、轻质玻璃钢等材料(表 4.2)。

表 4.2　风力发电装置各部件介绍以及材料选择要求

装置部件	作用	成本占比	材料要求	材料种类
叶片	承受强大的风载荷、砂石粒子冲击、紫外线照射等	～25%	抗疲劳、抗蠕变、抗冲击；质量轻、强度高、刚性好	碳纤维/高分子复合材料、玻璃纤维/高分子复合材料
转轴器(齿轮箱)	低速转高速	～15%	灵敏度高、耐磨损等	高强耐磨钢
发电机(包括变频器、变压器)	能量转化交流转直流、低压转高压	～15%	无磁损耗、变频快等	永磁材料
支撑塔	承载风力发电装置	～20%	抗腐蚀、强度高等	抗腐蚀钢材、混凝土等
其他	机舱壳、电缆、偏航系统等	～25%	保护发电机、转轴器，提供导向等	强韧钢材、轻质玻璃钢等

此外，尽管风力发电优势明显，但风力的间歇性、波动性导致风机输出的电压和电流不稳定。为实现风力发电利用的最大化，除了开发和利用新型风机材料和风机技术(如双馈异步风力发电机、永磁直驱同步风力发电机)，风电功率技术(如预测方法、人工智能)、风电并网技术(如交/直流并网、安全分析)以及相关储能技术等的发展与应用也同样重要(图 4.15)。

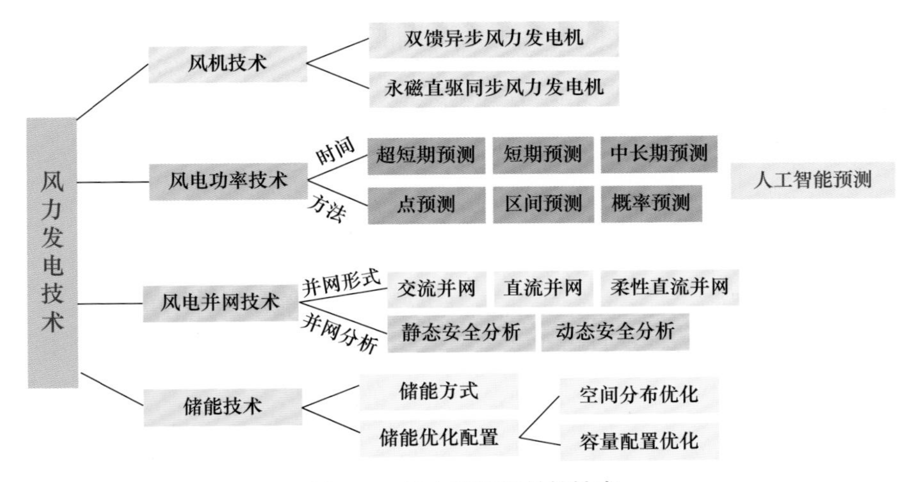

图 4.15　风力发电相关的技术

我国幅员辽阔，陆地和海上风力资源都极为丰富，开发风能对实现我国能源结构优化调整与产业升级具有重要战略意义。我国风电产业发展起步较晚，但随着经济和科技实力的提升，以及大量的资金投入，近年来我国风电产业迎来了快速发展。2019 年，我国风力发电装机量达到 2.101 亿千瓦，位居世界第一；与此同时，2019 年我国风力发电量达到 4053 亿千瓦时(图 4.16)[16]。按区域划分，华北、西北、华东是我国风力发电量最多的几个地区。

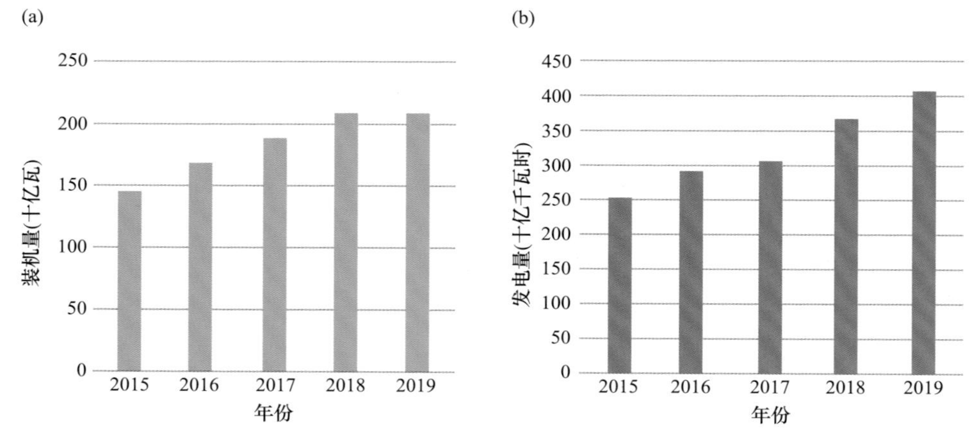

图 4.16　2015～2019 年我国风力发电装机量(a)和风力发电量(b)

总体而言，我国风力发电已逐步形成较为完整的产业链，其中风机叶片制造产业已进入国际领先水平行列。然而，需要指出的是，在风机复合材料的研发和相关理论研究，以及风机叶片结构设计等方面，我国与发达国家还存在着一定的差距，研发水平和创新能力还有待进一步提升。

4.3　新材料与水能和水伏

4.3.1　水力发电

水能主要包括水的动能和势能。地球上水能资源丰富，分布广泛。水力发电具有成本低、无污染等优点，是水能利用的主要形式。水力发电技术首先将水的动能和势能转化为水轮机的机械能，水轮机在旋转过程中通过切割磁力线进一步将机械能转化为电能。在自然情况下，流向低处的水通过蒸发回到高处，实现了水能的循环利用。因此，水能是一种可再生能源。在电能富余的情况下，还能通过抽水储能将电能转化为水能进行存储。

水力发电的优势使其受到了世界各国的广泛关注并因此得到了快速发展。据《2020 能源数据》显示，截至 2019 年底，全球水电装机容量达到 13.1 亿千瓦，水能发电量达到 42 222 亿千瓦时[16]。近年来，随着经济社会的快速发展，以中国、巴西为代表的发展中国家逐步成为水力发电新增装机量的主体，包括 1986 年巴西和巴拉圭合建的伊泰普水电站，2012 年中国建成的三峡水电站，2014 年中国建成的溪洛渡水电站(表 4.3)，以及即将建成的白鹤滩水电站等[16]。截至 2019 年，我国水电装机容量达到 3410 亿瓦，水能发电量达到 12 697 亿千瓦时。

表 4.3　世界主要水电站比较[16]

水电站名	所在地区	装机容量(兆瓦)	建成时间
三峡水电站	中国	22 400	2012 年
伊泰普水电站	巴西/巴拉圭	14 000	1986 年
溪洛渡水电站	中国	13 860	2014 年
古里水电站	委内瑞拉	10 300	1986 年
图库鲁伊水电站	巴西	8 370	2007 年
向家坝水电站	中国	7 750	2014 年
大古力水电站	美国	6 500	1980 年
龙滩水电站	中国	6 300	2009 年
糯扎渡水电站	中国	5 850	2014 年

水力发电装置最重要的部件是水轮机，其性能优劣直接关系到水能的利用效率。水轮机结构如图 4.17 所示，主要包括定子、转子、拱门、水轮叶片和发电机轴等部件[17]。水轮机工作环境恶劣、工况复杂，在循环应力、泥沙冲蚀、水流冲

图 4.17　水轮机结构示意图

图片来源：新视界

击力以及电化学腐蚀等多重影响下，水轮机过流部件(如转轮、叶片、转子等)容易发生腐蚀、磨蚀、气蚀和疲劳等损伤。上述损伤过程不仅造成水轮机机械效率和水能利用效率的下降，而且影响水轮机的可靠性和安全性，不利于电网的安全稳定运行。因此，为提升水力发电的效率和安全稳定性，对水轮机部件关键材料提出了极高的要求，采用具有高硬度、高强度、强韧性、耐腐蚀以及高疲劳强度等特性的材料至关重要。

为提升水力发电效率和延长水轮机使用寿命，人们对水轮机过流部件材料进行了长期、大量的研究，水轮机的构件材料从早期的普通碳钢、低合金钢、高合金钢等逐步发展为以含铬、镍等金属的低碳马氏体铸件不锈钢为主。目前，为进一步提升水轮机的性能，研究人员主要从两个方面对水轮机材料进行改进：①在水轮机本体材料方面，通过降低碳的含量($<0.03\%$)以及减少杂质相等手段，能够有效提升材料的机械强度、耐蚀性能等[18]。此外，由于钨、钴、铬等金属的耐蚀性能较好，而氮化硅(Si_3N_4)、碳化钨(WC)、碳化硅(SiC)等陶瓷材料具有优异的抗磨性能，通过对其进行复合能够提升水轮机的性能。②在材料表面处理方面，对水轮机过流部件进行表面防护是一种有效且经济的手段。通过深入研究水轮机磨蚀、气蚀机理与影响因素，采用防护涂层对水轮机表面进行强化处理和保护设计，以提升水轮机过流表面的机械性能和物化性能，达到减少磨蚀的目的。常用的表面防护涂层包括有机软涂层(如聚氨酯、环氧树脂等)和高强度、高硬度的金属合金强化涂层(如镍基、镍铬基、钴基、碳化钨、铁基涂层材料)等[19]。

我国水能资源丰富，据统计，可开发水能装机容量超过 6.6 亿千瓦[20]。因此，水能资源的开发是优化我国能源结构的重要途径。我国早期的水力发电设备主要依赖国外技术。近年来，随着科学技术的发展与进步，我国自主研发的水力发电设备和相关技术逐步完成了从跟跑、并跑到领跑的转变。然而，尽管我国水电装机容量居世界首位，但水力发电水平仍有待进一步提高。例如，目前我国水电开发程度与美国、日本、德国等发达国家相比仍存在较大的差距[20]。特别的，由于我国水系泥沙含量大，容易对水轮机造成磨蚀，因此对水轮机材质的要求更为苛刻。此外，如何解决水力发电受到地理、气候等因素的限制，也是我国水力发电急需解决的关键问题。

4.3.2 水伏发电

“水伏效应”，即功能材料通过毛细水流和蒸发过程产生电能的现象，是一种利用水能发电的新技术，开拓了固液界面多场耦合研究新领域。作为现有水力发电技术的有力补充，“水伏效应”能够进一步提升水能的利用效率，逐渐开始受到人们的关注。

早在 19 世纪，科学家就发现了水的动电效应(electro-kinetic effect)，即利用水的极性和氢键作用，水在牵引力作用下通过材料缝隙或通道时产生电动势的现象。2014 年，我国科学家郭万林院士等发现了在石墨烯表面拖曳水滴时与液滴移动速度相关的“拖曳势”(图 4.18)[21]。

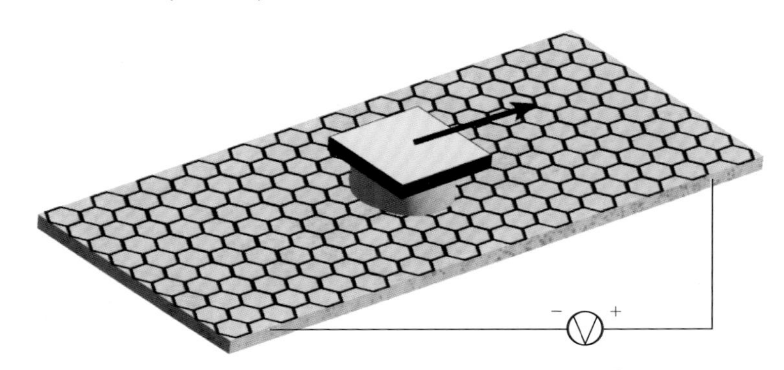

图 4.18　石墨烯表面拖曳水滴产生电流的示意图

2017 年，研究人员采用炭黑薄膜材料，利用水的自然蒸发产生持续的电压，实现了对液晶显示模块的直接驱动[22]。基于上述相关研究成果，我国科学家郭万林院士将功能材料与水相互作用产生电的现象称为“水伏效应”[23]。其典型的工作机理如图 4.19 所示。当液体与功能材料表面发生接触时，首先会在接触面形成双电层；当液体在功能材料表面流动，由于流体前端未能及时抵消表面吸附的净电荷，从而造成功能材料前后端产生电势差，且该过程产生的电压与液体的流速正相关。

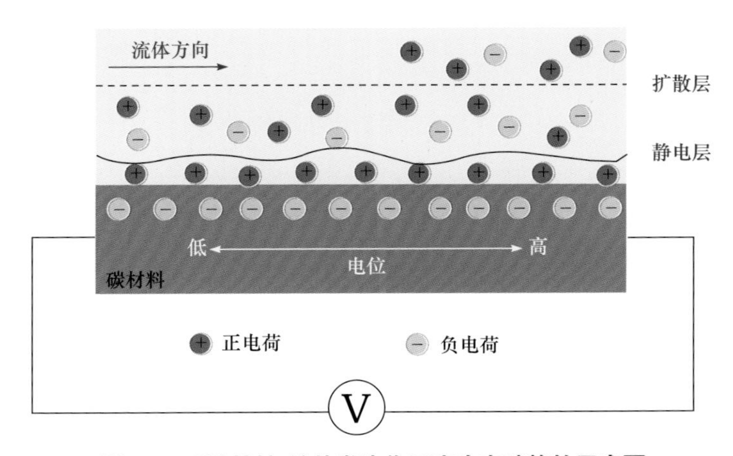

图 4.19　碳材料与流体发生作用产生电动势的示意图

由于水伏发电装置直接通过水分子与功能材料之间的相互作用实现发电，因此具有明显的成本优势，且不受地域、时间等因素的限制。作为水伏发电装置的主要组成部分，功能材料的利用对水伏发电效率具有直接影响。研究表明，采用具有亲水特性、多孔结构的纳米材料，通过增强水与材料间的相互作用，加快水的吸附、传输等过程，能够提升水伏发电装置的发电效率和工作稳定性。基于“水伏效应”的特点，目前水伏器件采用的功能材料主要分为碳材料(如碳纳米管、石墨烯、碳纳米颗粒)、半导体纳米材料(如硅纳米阵列、二氧化钛纳米线)、有机纳米材料(如聚吡咯、聚乙烯醇)和复合纳米材料等。例如，利用功能化氧化石墨烯亲水性好、表面电荷浓度高以及湿气吸附等特性，研究人员制备出超亲水三维氧化石墨烯；基于该材料的水伏发电机能够产生毫安级电流，且通过结构单元的串联，可以实现 10 V 以上的电压，在液晶显示器、蓝色发光二极管等领域具有潜在应用前景[24]。

4.4 新材料与核能

相比于传统化石燃料，核能具有碳排放量低、能效高等优点。随着核能技术的进步以及核能优势的日益显现，世界范围内核能装机量逐步上升。据国际原子能机构(IAEA)和世界核学会(WNA)统计，2019 年，全球在运核电机组 443 台，核能装机量达到 3.921 亿千瓦，发电量达到 25 862 亿千瓦时[25]。我国核能发电起步晚，但发展迅速。截至 2019 年，我国核能装机量达到 0.447 亿千瓦，发电量达到 3484 亿千瓦时。另一方面，人们在利用核能的同时，对核泄漏、核扩散等潜在风险也越发关注。因此，在实现核能高效利用的同时，如何大幅降低并有效避免核事故风险，是亟须研究和解决的关键问题。除了实施严格的安全标准和安全措施外，新材料和新技术的开发应用在未来核能发展进程中具有重要意义。

核能主要包括三种形式：核裂变、核聚变和核衰变。其中，核裂变是目前核能利用的主要方式。相比于核裂变，核聚变具有能量更大、环境更为友好的特点，但由于核聚变可控性差，目前还未能商业化。核衰变由于能量释放缓慢且不可控，主要用于一些特定场景。

4.4.1 核裂变

核裂变是目前主要的核能利用形式，我们通常所说的核能即指核裂变能。核裂变是重核原子核经中子撞击后裂变成较轻的原子核，同时释放中子和能量，而产生的中子继续撞击其他重核原子核发生的链式反应(图 4.20)。该链式反应过程所释放的能量可以通过爱因斯坦质能方程计算求得，即 $E = mc^2$ 。其中 E 为释放的能量，m 为质量的变化，c 为光速常量。

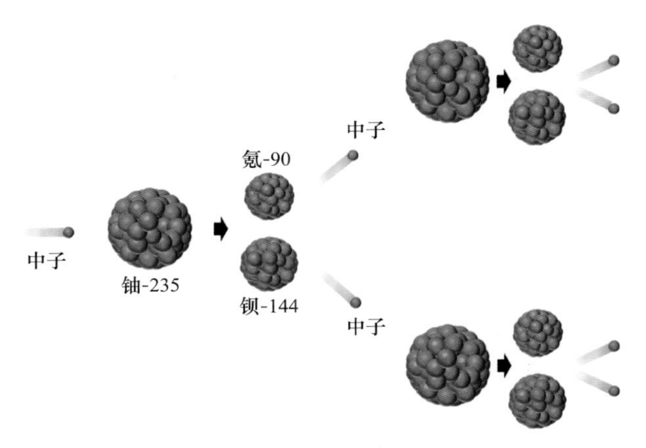

图 4.20　链式反应示意图

核电的发展历程可以分为以下四个主要阶段(图 4.21)[26]。20 世纪 50～60 年代的第一代核电主要是为了试验示范核电在工程实施上的可行性，以美国和苏联开发的原型堆电站为主。在第二代核电站发展时期(20 世纪 60～80 年代)，核能向商业化、标准化和批量化方向发展。在此期间，建立了大批单机容量在 600～1400 MWe(兆瓦电力)的商用核电站，包括我国的秦山核电站。由于切尔诺贝利核事故(1986 年)等的发生，人们开始重新思考核能的安全性和潜在风险等重大课题。随后，以美国和欧洲为首的核电大国和地区提出了第三代核电站的安全和技术要求，并完成了工程论证和设计工作。基于此，世界各国相继建立起以先进轻水堆核能系统为代表的第三代核电站，包括我国装机容量为 106 万千瓦的田湾核电站。相比于第二代核电站，第三代核电重大安全事故发生的概率极大降低。为进一步

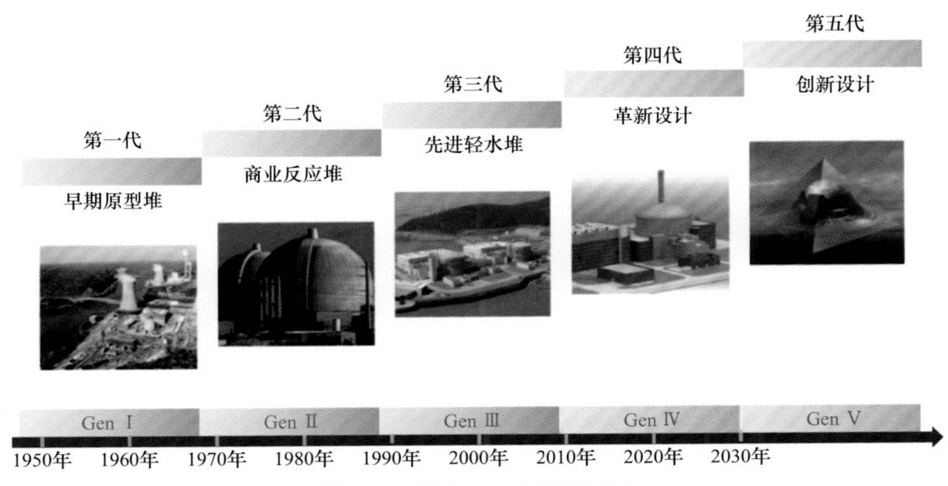

图 4.21　核电技术的发展历程

提升核能利用的安全性，1999年美国核学会夏季年会提出了发展第四代核电站的设想。目前，多种第四代核能系统方案正在研究中，包括钠冷快堆(sodium cooled fast reactor)、熔盐堆(molten salt reactor)、高温气冷堆等。

相比传统发电站，核电站的安全标准要高得多。例如，在长时间的高温、腐蚀、辐射等条件下，以及由于反应堆内快中子辐射的损伤，容易造成材料组织、尺寸以及微观结构的变化，从而导致材料性能的退化，进而影响核能系统效率甚至引发核事故。

因此，核反应堆设计的一个关键是高性能新材料的研究和应用。核反应堆的特殊工作条件使得选择相应的材料不仅需要考虑强度、韧性、焊接性能、冷热加工性能，还必须具备抗辐射、抗腐蚀(如晶间腐蚀、应力腐蚀)等特点。目前，核反应堆关键材料主要包括不锈钢材料、合金材料和纳米材料。例如，对于核燃料的包壳组件，不仅要防止核反应产物的泄漏，同时需要有耐腐蚀作用以及良好的导热性能。此外，包壳材料还会受到高压、高温的强烈作用。因此，包壳材料需要具有抗辐射、抗腐蚀、热导率高、强度高等特点。奥氏体不锈钢综合了铁素体和马氏体的特点，兼具强度高、耐蚀性强、抗辐射性能优异、塑性高、屈强比小等优点，能够满足包壳材料的需求。除了包壳材料，反应堆压力容器、蒸汽发生器、冷却泵泵壳等通常采用合金材料，包括锰镍钼类低合金钢和特殊合金(如镍基合金、锆合金、钛铝合金)等。例如，镍(铁)基合金在高温下能够承受一定应力，并具有较好的抗氧化性和耐蚀性能。

在第四代核反应堆技术中，钠冷快堆是目前成熟度最高、最接近商用的堆型，也是世界主要核能大国的重点发展方向。钠冷快堆的关键结构材料包括燃料组件包壳、堆芯构件、支撑材料、反应堆容器、热交换器和主回路管道材料等。其中，作为钠冷快堆核心部件的支承环，不但是压力容器的边界和安全屏障，而且结构上需承重和耐高温，是整个反应堆容器的“脊梁”。因此，大锻件支承环是影响核电机组性能的关键。针对大锻件铸造存在的母材锻造成本高、冶金缺陷以及“尺寸效应”导致构件在服役过程中存在潜在安全隐患等问题，中国科学院金属研究所团队提出了原创的金属构筑成形技术，采用比较成熟稳定的连铸技术生产的连铸坯/高质量小型钢锭作为基元，通过表面清洁加工处理后，将多块板坯真空封装，然后通过高温高压锻造将界面充分焊合，使界面与基体融为一体，实现无痕界面的冶金连接，突破了大钢锭冶炼存在的成分偏析、疏松、缩孔、夹杂物超标等技术瓶颈，最终成功实现了世界最大不锈钢环形锻件(ϕ15.6 m)的制造(图 4.22)[27]。

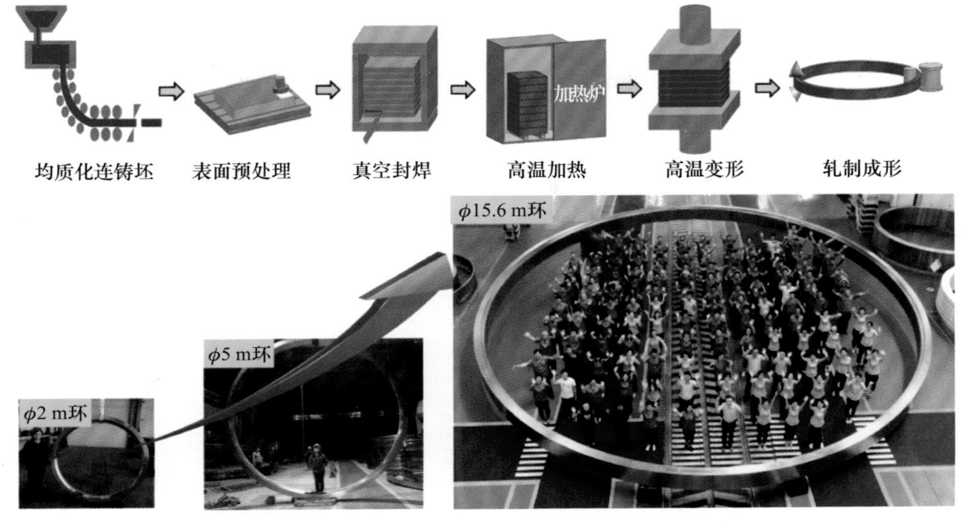

图 4.22　中国科学院金属研究所团队铸造的大型支承环[3]

致谢：中国科学院金属研究所孙明月研究员

高温气冷堆是我国具有自主知识产权、极具发展潜力的第四代核反应堆，具有安全性好、多功能用途、可模块化建造等特点和优势[28]。2021 年，我国石岛湾高温气冷堆核电站示范工程通过验收，并成功实现并网发电，成为世界上首座实现工程应用的高温气冷堆核电站。高温气冷堆涉及的关键材料包括核燃料、耐高温高压和强辐射的高温金属、作为中子慢化剂的石墨材料、抗辐射的压力容器等。由于材料发展水平的限制，目前我国部分关键材料仍依赖于国外进口。例如，高温气冷堆通常采用核石墨作为中子反射层及屏蔽结构材料，而核石墨运行环境复杂，需要同时考虑温度、辐照和地震等各种荷载，因此对核石墨材料的性能参数，包括导热系数、抗压和抗拉强度、弹性模量以及蠕变性能等都提出了较高的要求。

总体而言，目前核能材料的研究仍以经验和实验为主，对于核辐射条件下材料的演化和失效机理尚缺乏系统的研究和认识。针对实验的复杂性和多样性，采用理论计算和模拟手段，可以为反应堆的结构设计和核材料开发提供理论指导，成为核能发展的重要研究手段和发展方向。

4.4.2　核聚变

核聚变是指在超高温、高压等条件下，质量较小的原子(如氘原子)经过碰撞发生聚合作用形成较大的原子(如氦)，同时产生中子和释放巨大能量的过程[图 4.23(a)]。核聚变所产生的能量来源于聚变过程原子核的质量损失。相比于核裂变，核聚变释放的能量更大，且具有无核废料产生、环境更为友好的优点。此外，核聚变由于所用的核燃料来源丰富，应用前景十分广阔。

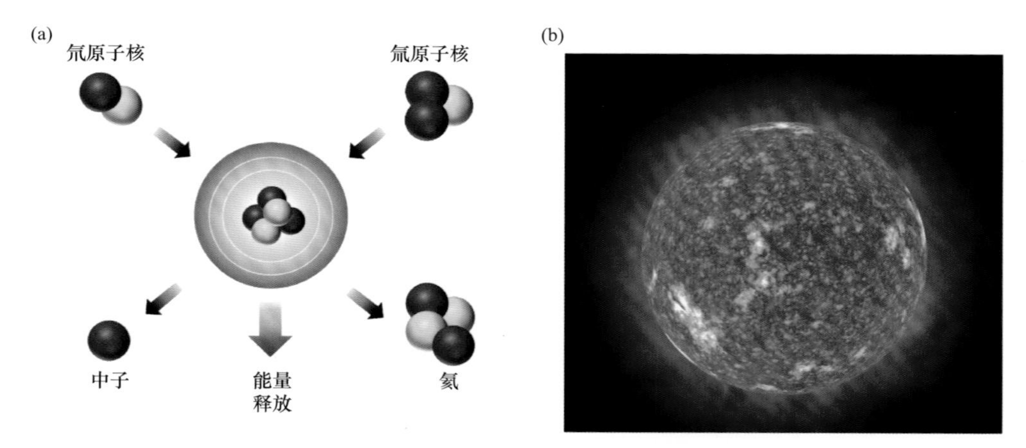

图 4.23 (a)核聚变反应示意图；(b)太阳发生核聚变示意图(图片来源：新视界)

早在 1920 年，英国物理学家阿瑟•斯坦利•爱丁顿(Arthur Stanley Eddington，1882—1944 年)指出，太阳等恒星之所以能无时无刻向外散发能量，即源于其内部发生的氢聚变为氦的过程，即核聚变反应[图 4.23(b)]。其后，该理论由汉斯•贝特(Hans Bethe，1906—2005 年)证实，并提出了著名的“质子-质子链反应”，即核聚变反应。

目前，实现核聚变的主要方式包括重力场约束、惯性约束(如激光约束)、磁约束(如托卡马克、仿星器)等。早期的核聚变研究装置为 1951 年美国天体物理学家莱曼•斯皮策发明的仿星器，并在 1950～1960 年间广泛使用。其后，苏联科学家研制出更为高效的托卡马克(Tokamak)装置，并成为目前核聚变研究的主流装置。我国核聚变研究起步于 19 世纪 50 年代，研究思路主要集中在基于磁约束的托卡马克装置，包括 HL-2A 托卡马克、HT-7 托卡马克、“东方超环”EAST(Experimental Advanced Superconducting Tokamak)等。近年来，我国在核聚变研究领域取得了较大突破和众多进展。例如，2008 年，HT-7 连续重复实现了长达 400 秒的等离子体放电，刷新了当时的世界纪录[29]。EAST 由中国科学院等离子体物理研究所在 1998～2006 年期间研制，成为世界上首个全超导托卡马克装置(图 4.24)。EAST 的成功运行使得我国在核聚变领域取得了一系列的突破，包括实现 101.2 秒稳态长脉冲高约束等离子体运行(2017 年)、1.2 亿摄氏度 101 秒等离子体运行(2021 年 5 月)、1056 秒长脉冲高参数等离子体运行(2021 年 12 月)等，助力我国核聚变研究跻身世界前列[30]。尽管取得了阶段性成果，可控核聚变的研究仍面临巨大挑战，核聚变的商用化进程依然任重道远。

图 4.24　“东方超环”EAST 内部结构图
图片来源：新视界

4.5　新材料与海洋能

海洋能包括蕴藏在海水中的多种能源形式，来源于太阳能辐射以及天体间万有引力的相互作用，主要包括潮汐能和波浪能，是一类可再生清洁能源。由于地球海域面积广阔，海洋能储量极为丰富。然而，由于海洋环境恶劣、波动性大等特点以及技术发展水平的限制，目前海洋能的利用率还很低。截至 2020 年，全球海洋能累计装机容量仅为 535 兆瓦(MW)，在可再生清洁能源中的占比极为有限[31]。新材料的开发应用是推动实现海洋能高效利用的关键。

4.5.1　潮汐能

潮汐能是由月球和太阳对地球的引力及地球自转所致海水周期性涨落形成的势能和横向流动形成的动能。潮汐能发电是目前海洋能利用的主要方式[31]。具体而言，潮汐能发电利用海水涨落的势能推动涡轮发电机叶片，进而通过电磁感应现象转化为电能，与水能发电原理类似。潮汐能主要受地球、月球运动的影响，其他因素的影响较小。

基于潮汐能的特点，潮汐能发电主要有三种形式(图 4.25)[32]：

(1) 单库单向式。该类型发电装置只需建一个发电水库。当海平面上升时，将闸门开启，实现蓄水。发电时则将闸门打开，水流冲击涡轮机带动其旋转，从而实现发电。由于只能进行单方向发电，故称为单库单向式。该类型潮汐能发电装置简单、投入成本较低，但潮汐能利用率也较低。

(2) 单库双向式。该类型潮汐能发电装置有两套单独的水轮设备，即海水上升时推动第一套水轮机进行发电，而在海水下降时，关闭第一套设备，第二套设备

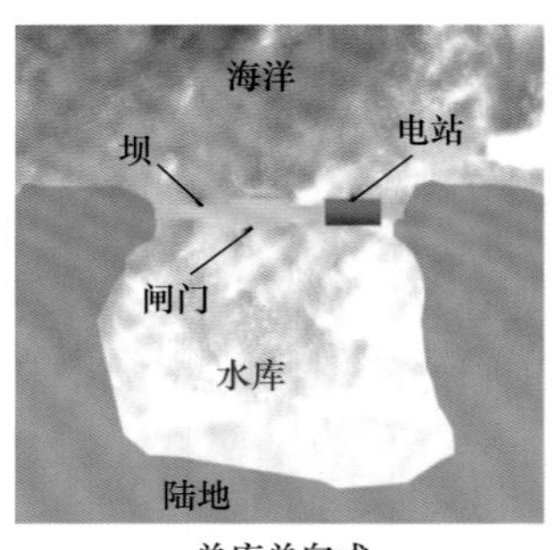

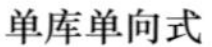
单库单向式

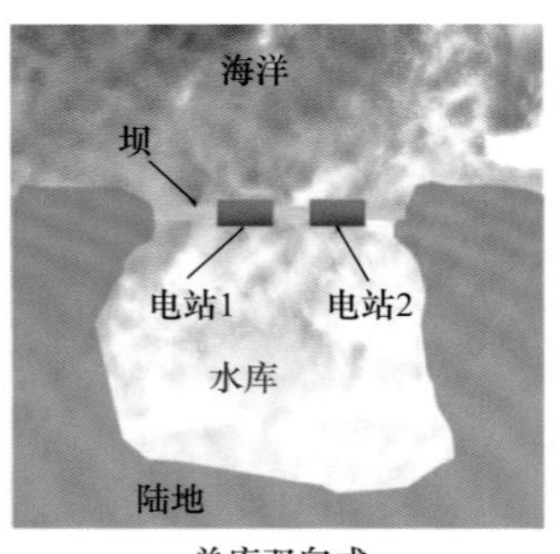

单库双向式

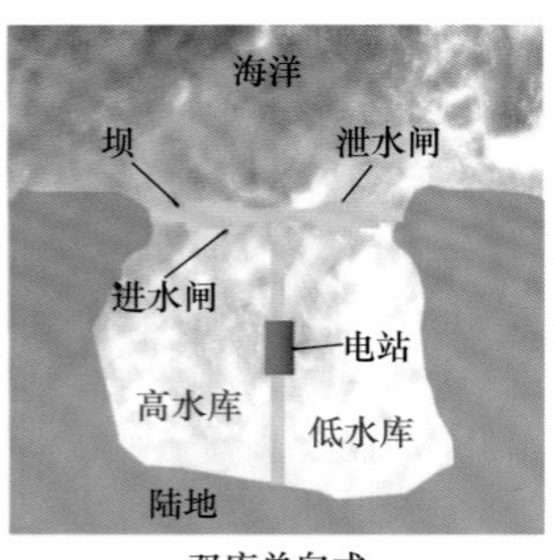

双库单向式

图 4.25　不同潮汐能发电装置示意图

开始工作，继续进行发电，实现了海水在流进和流出过程中都能发电，故称为单库双向式。该类型发电装置能量利用率高，但由于发电装置较为复杂，设备投入成本较高。

(3) 双库单向式。通过建立两个水库，将流入高水库的海水通过低水库流出，利用两个水库间的落差推动涡轮机发电，即称为双库单向式发电装置。这种发电装置具有连续发电的优点，但存在占地面积大、投入成本高等问题。

为实现潮汐能的高效转化和利用，一方面是降低潮汐能装置的建设成本，另一方面是对涡轮机设备进行改进，提升发电效率、降低发电成本以及提高使用寿命。与水能发电不同，海水由于盐度高且氯离子含量大，对长期暴露在海水中的涡轮机尤其是其中的金属材料具有较强的化学和电化学腐蚀性；特别是在海水不断的冲刷过程中，涡轮机的腐蚀现象将更为明显，从而导致发电效率和设备使用寿命的降低。因此，潮汐涡轮机用材料除了要求机械性能优异外，耐蚀性也至关重要。

钢铁是潮汐能发电装置尤其是涡轮机叶片的核心材料，直接影响涡轮机使用寿命以及潮汐能发电效率。除了涡轮机叶片本体材料，防腐涂层也是提升涡轮机叶片性能的常用手段。防腐涂层的主要性能要求：①与钢铁材料附着性能好，且不易被腐蚀介质渗透；②力学性能优异，具有良好的耐冲刷和耐磨损性能；③化学性质稳定，耐腐蚀性能优异。基于上述要求，目前常用的防腐涂层材料包括有机硅树脂涂料、环氧类防腐涂料、聚氨酯防腐涂料、ZS-711 无机防腐涂料、石墨烯防腐涂料等。此外，潮汐发电容量与水库蓄水量直接相关，然而，在涨/落潮过程中，水库不可避免面临泥沙淤积，造成水库容量减小，发电能力下降的问题。因此，如何监测泥沙的运动规律，并通过科学手段减少泥沙淤积也至关重要。

我国海域辽阔，潮汐能蕴藏量为 1100 亿瓦，其中可供开发的约 210 亿瓦[16]。截至 2018 年，我国潮汐能装机量仅为 4.35 兆瓦，发电量为 2.32 亿千瓦时[33]。规模较大的潮汐能发电站为浙江江厦电站、山东半岛白沙口电站和广东甘竹滩洪电站等。因此，加大我国潮汐能开发力度，推动相关产业发展势在必行。

4.5.2　波浪能

波浪能是海洋平面波浪势能和动能的总称。利用波浪能发电是另一种重要的海洋能利用形式。具体而言，通过特定装置将波浪的势能和动能进行存储和转化，并用于发电，对于远海岛屿、海上设施、海上浮标等特定场景具有独特优势。然而，由于单位面积可收集能量少且不稳定，波浪能的利用率还十分有限。

按照能量的捕获方式，目前波浪能发电装置主要分为三种：振荡水柱式、越浪式和振荡体式；此外，按照波浪能发电装置的不同安装位置，又可以分为漂浮式和固定式(图 4.26)[34]。

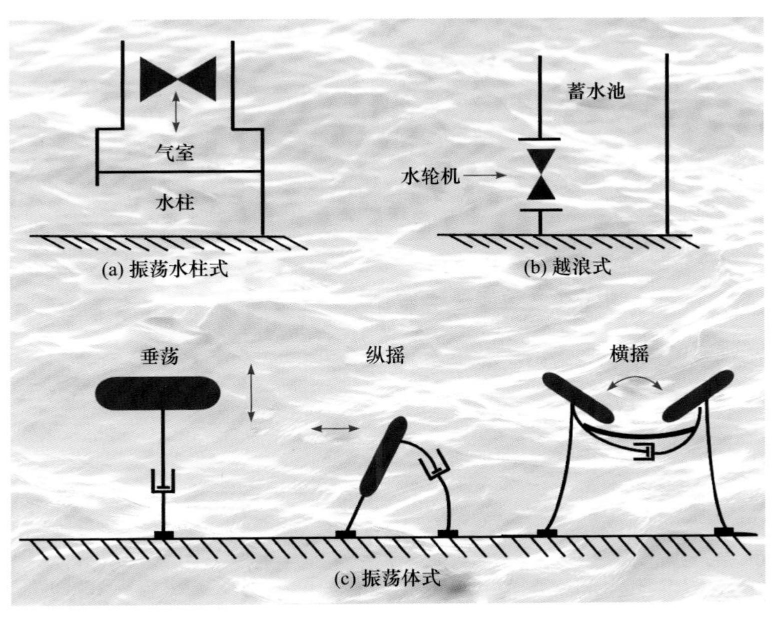

图 4.26　波浪能发电装置原理示意图

具体而言，振荡水柱式装置主要由一个部分浸没在水中的腔室和相应的能量转换系统组成[图 4.26(a)]。腔室中的水柱随着海浪的压力变化而发生上下往复运动，从而引起上部空气柱发生振荡，并带动能量转换系统产生电能。越浪式装置主要由蓄水池和水轮机组成[图 4.26(b)]。蓄水池用于将波浪能捕获，由于蓄水池的水位高于平均海平面，从而形成了内外水位差；水池中的水在重力作用下回流入海时驱动水轮机的旋转进行发电。振荡体式装置主要由动浮子和静浮筒两大部分组成[图 4.26(c)]。动浮子用于能量收集，静浮筒则作为整个系统的稳定装置和能量转化系统。振荡体式装置通过动浮子的垂荡、纵摇、横摇等方式将吸收的波浪能转换成机械能，最终通过发电系统转化为电能。

近年来，波浪能发电技术逐渐受到关注。目前已建成的代表性波浪能发电装置包括西班牙 Mutriku 振荡水柱式发电装置、丹麦 Wave Dragon 越浪式发电装置、美国 PowerBuoy 振荡体式发电装置以及中国科学院广州能源研究所开发的鹰式波浪能发电装置(图 4.27)。

图 4.27 中国科学院广州能源研究所开发的鹰式波浪能发电装置

致谢：中国科学院广州能源研究所盛松伟研究员

尽管波浪能的收集利用方式多种多样，然而目前所面临的共性问题是波浪能的利用效率不足以及发电装置使用寿命有限。在材料方面，由于发电装置长时间浸泡在海水中，容易受到腐蚀和波浪的反复冲击破坏。此外，海洋微生物的附着和代谢活动等也会进一步加剧对发电装置的腐蚀作用。波浪能发电装置通常需要采用不锈钢材料，然而对于大型波浪能发电装置，不锈钢存在成本高、重量大等缺点。采用工程塑料等取代不锈钢，能够对波浪能发电装置进行轻量化设计，并有效提升装置的抗腐蚀性能，但工程塑料的稳定性和机械强度还有待提高。另一方面，针对由于海洋生物附着造成的腐蚀破坏等问题，有必要对波浪能装置表面涂覆生物涂层材料，以驱赶海上生物。

除了上述几种典型的波浪能发电装置，由中国科学院北京纳米能源与系统研究所王中林院士发明、近年来发展起来的摩擦纳米发电机(TENG)由于在收集低频、无规律机械能以及随机能量捕获方面具有明显的优势，在波浪能捕获和利用方面显示出较好的应用前景。

具体而言，摩擦纳米发电机技术是一种基于自趋式纳米技术并以摩擦起电效应为基础的微型发电系统，能够对微小的能量进行收集和转化，其工作原理如图 4.28 所示[35]。当不同材料相互接触并发生摩擦时产生静电荷，电正性材料失去电子带正电，电负性材料得到电子带负电；当两种材料在外力的作用下发生分离时，则会造成正负电荷的分离，材料两端产生电势差。通过外电路将两个电极连接，对外输出电流，从而实现了机械能与电能的相互转化。该发电技术具有绿色环保、低成本等优点，在波浪能发电方面具有应用前景。

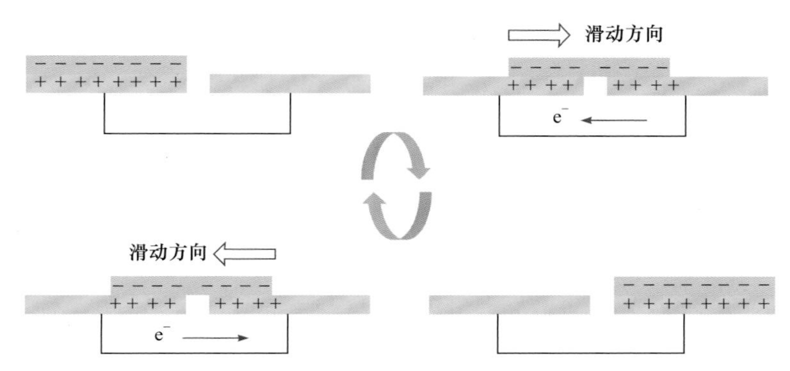

图 4.28　摩擦生电的工作机理

以固体摩擦材料为例，研究人员设计开发出基于自由摩擦式全封闭球壳结构摩擦生电纳米发电机，采用内壁贴有聚酰胺(Kapton®)薄膜的球壳将尼龙球封闭在内部，球壳随波浪的摆动过程中，尼龙球和聚酰胺薄膜发生摩擦产生感应电荷。其后，研究人员通过进一步优化，开发出多层结构摩擦生电纳米发电机[36]。该装置由大小不一的亚克力球壳嵌套组成，同时将能够自由转动的聚四氟乙烯(PTFE)小球置于其中。结果表明，该设计有效提高了摩擦生电纳米发电机的空间利用率，其输出功率达到单体发电机的 6.5 倍。通过组装网状阵列，实现了同时点亮数十盏灯的效果。

4.6　新材料与地热能

地热能是来自于地球内部岩土体、流体和岩浆体，能够为人类开发和利用的热能，是一种可再生能源，储量大、分布广。地球内部温度可达 7000℃，在 80～100 km 的深度，其温度会降至 650～1200℃，通过地下水流动与熔岩相互作用将地热传送达到距离地面 1～5 km 的壳层，进而至接近地面的位置[37]。地热能可以直接用于供暖和发电。

与其他可再生能源发电技术相比，地热能发电具有能源利用率高、成本低、碳排放少等特点，且不受天气和季节气候变化的影响，是一种极具发展潜力的优质能源，逐渐受到世界各国的重视。地热能发电的平均能源利用效率可达 73%，部分国家和地区甚至高达 90%[38]。2020 年，全球地热发电装机容量达到 159.50

亿瓦，发电量达到 950.98 亿千瓦时；部分国家地热发电装机容量数据如图 4.29 所示[39]。

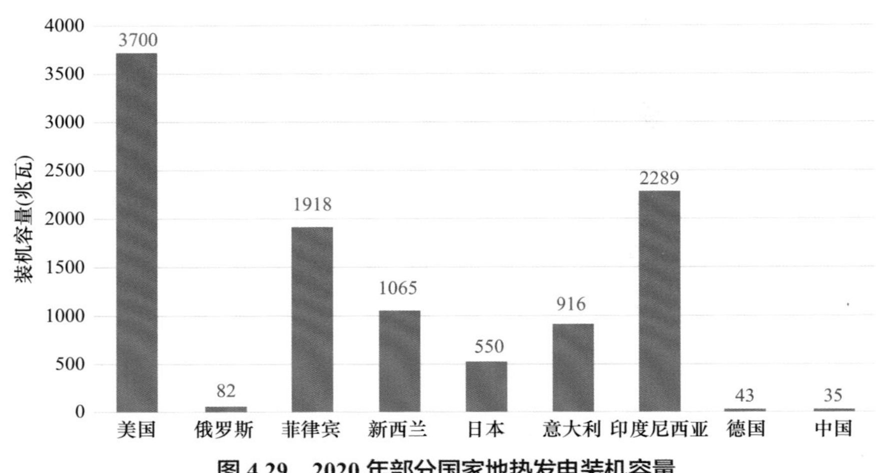

图 4.29　2020 年部分国家地热发电装机容量

地热能发电主要采用地源热泵技术，通过汽轮机将热蒸汽转换为机械能，然后带动发电机发电。地源热泵技术主要分为干蒸汽、闪发蒸汽以及双循环等三种[40]：

(1) 干蒸汽直接使用地热蒸汽推动涡轮机发电，而使用后的蒸汽以冷凝的方式回流到深井，能够被再次利用。这种发电方式简单高效，但由于干蒸汽地热资源十分有限，且多处于较深的地层，开采难度大，发展受限。

(2) 闪发蒸汽是目前最常见的地热发电方式。通过分离管将蒸汽和水分开，其中的蒸汽用于推动涡轮机进行发电，而水和冷凝水回到地层，便于重复利用。

(3) 双循环则是通过将地热能转化到低沸点工质，再利用低沸点工质流体推动涡轮发电机的过程。

地热能发电机组主要由涡旋式压缩机、蒸发器、冷凝器和电控箱等部件组成。由于地热水的高矿化度、高氯离子浓度等特点，腐蚀性较强。因此，在关键部件材料的选取上需要考虑材料的耐腐蚀性。相比于传统的普通碳钢，超级铁素体不锈钢由于优异的耐蚀性能和较低的成本，在地热能设备中应用广泛。此外，蒸发器和冷凝器作为发电系统的主要换热部件，直接影响热泵机组的工作性能。通过使用相变材料可以实现热量的移峰填谷，即在环境温度较高时进行储能，当环境温度较低时将储存的热量释放出来，能够有效提高换热效率，同时扩展冷凝器的适用温度。

我国地热资源丰富，约占全球地热资源的 1/6；且开发利用较早，规模居世界首位[41]。然而，目前我国地热能主要以直接利用为主，地热能发电水平不高，进展缓慢。如何进一步实现地热能的有效利用，对实现碳达峰、碳中和具有重要意义。

4.7 新材料与生物质能

生物质能是储存在自然界生物质中的化学能，是可再生能源。生物质能来源广泛、储量丰富、成本低，越来越受到人们的重视。生物质能可以通过物理、化学等过程转化为固体、液体和气体生物质燃料。此外，利用生物质能发电也是生物质能利用的一种主要方式。2019年，全球生物质能发电装机量达到12 380万千瓦，相比2009年增加了一倍[42]。

我国生物质能发电主要包括农林生物质发电、垃圾焚烧发电以及沼气发电等几种方式[图 4.30(a)][43]。其中生物质燃烧发电是目前我国最常用的发电方式，且仍在快速发展[图 4.30(b)]。生物质燃烧发电设备主要包括燃烧锅炉、汽轮机、辅机和冷凝器等，通常需要采用具有耐高温、耐高压、耐腐蚀以及机械性能优异的材料。特别的，由于生物质种类多、成分复杂，往往还含有酸碱性物质，因此对材料的防腐性能也提出了相应的要求。与此同时，为避免燃烧产生的粉尘、有害气体如硫化物、氮化物等对环境造成污染，对尾气进行处理也是目前研究的重要课题。

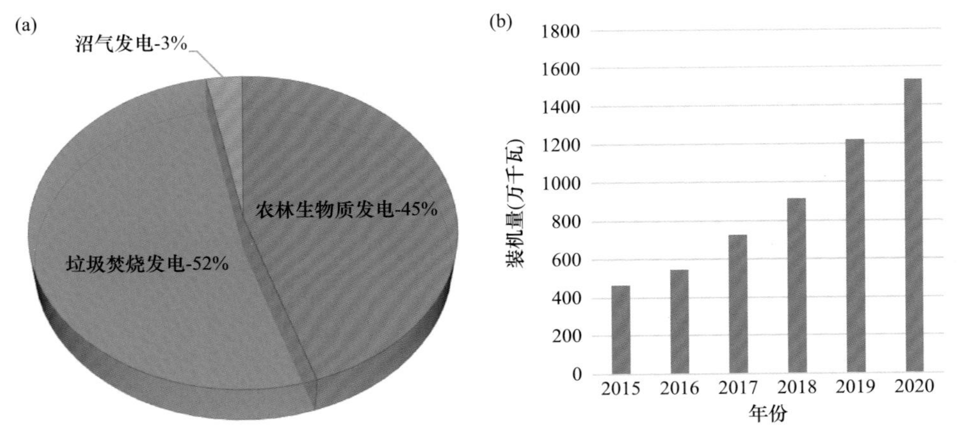

图 4.30 (a)2020年我国生物质能发电规模结构图；(b)我国历年燃烧发电装机量

尽管我国生物质能发展迅速，但仍有很大的提升空间。例如，生物质能发电中的燃烧锅炉系统、燃烧装置防腐技术、烟气净化技术等还未能完全实现国产化，对发达国家的依赖程度依然较高[44]。因此，加强生物质能相关的基础研究投入，实现关键新材料和技术的突破对我国生物质能产业的发展意义重大。此外，由于对生物质能开发利用的意识不强，生物质原料收集、运输过程中的损耗大，造成我国生物质发电运营成本较高。另一方面，采用生物质制造生物质材料、生物质燃料、生物质化学品等，也是生物质能利用的重要途径，能够减少对传统化石燃料的依赖，开发应用前景广阔。

4.8 新材料与电化学储能

可再生能源由于存在间歇性、地域性差异等问题，难以直接并入电网使用。因此，为实现其有效利用，发展新能源储存技术意义重大。此外，储能技术还能起到“削峰填谷”的作用，提升电能的利用效率。

储能技术是指将内能、机械能、光能、电能、电化学能等通过另一种形式进行转化和存储，需要时再将存储的能量以机械能、光能、电能、电化学能等形式释放出来以提供所需能量的技术(图 4.31)[45]。在多种储能技术中，电能与化学能之间的转化与存储为大家所熟知，且与我们日常的生产和生活密切相关，包括各类便携式电子产品、电动汽车、电动交通工具等。电化学储能作为连接电能和化学能的纽带，是新能源发展和利用的关键环节。

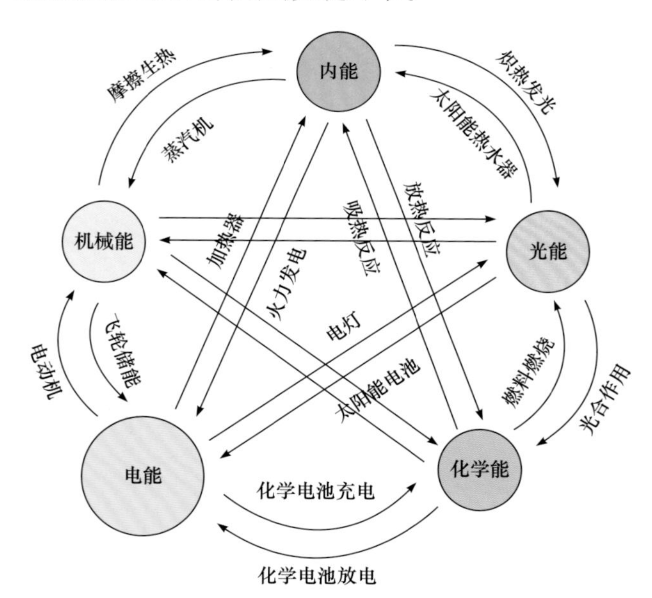

图 4.31 不同能量形式的相互转化部分示例[45]

4.8.1 电化学储能发展历史

自发现“电”以来，人们就开始研究如何实现电的存储。在早期研究中，科学家发明了莱顿瓶对静电进行物理储存。随后，意大利科学家伏特基于不同金属板插入电解质溶液产生电流的现象，设计出伏特电堆，从此开启了电化学储能的研究。此后，通过电池结构改进与材料体系优化，科学家相继开发出安全性和便携性更为优异的碳锌电池、锌锰电池等一次电池。

然而，一次电池不能进行可逆充放电，且回收困难，造成资源利用效率低、应用范围有限。因此，开发能够多次使用的可充放电二次电池变得越来越迫切。1850 年，加斯顿•普兰特(Gaston Planté，1834—1889 年)以铅(Pb)作为负极、氧化铅(PbO_2)作为正极，采用硫酸电解质，开发出能够可逆充放电的铅酸电池[46]。铅酸电池具有安全性高、成本低的优点，一直使用至今，仍是目前广泛应用的电化学储能电池之一。但铅酸电池存在循环寿命有限、能量密度低以及自放电明显等缺点，且由于体积较大，不便于在小型化、便携式设备上使用。随着电化学储能技术的发展，人们相继开发出多种二次电池并实现了应用，包括铁镍电池(1890 年)、镍镉电池(1899 年)、碱性电池(1950 年)、镍氢电池(1989 年)等，在极大丰富电化学储能技术的同时，电池性能也逐步得到提升。例如，采用储氢合金作为负极、氢氧化镍作为正极的镍氢电池具有无记忆效应、启动速度快等特点，目前仍广泛用于消费电子和汽车启动等领域。

随着电气化、信息化时代的到来，对具有高比能、长续航、低成本等性能的储能技术开发需求不断增加。1991 年，索尼(Sony)公司推出了基于石墨负极、钴酸锂正极以及含锂电解液的锂离子电池。相比于以往的电化学储能电池，锂离子电池具有能量密度高、循环寿命长、无记忆效应等优点。此外，通过正负极材料以及电解液体系的优化改性，锂离子电池的综合性能逐步提升，现已广泛应用于各类便携式电子设备、电动汽车等领域。近年来，除了进一步开发具有高续航、快充、高安全等特性的锂离子电池，液流电池、锂硫电池、锂空电池、双离子电池等新型储能电池的相关研发也极为活跃，并有望在不久的将来实现应用(图 4.32)。

总体而言，电化学储能技术在经过了近 200 年的发展历程后，各方面的性能都得到了大幅提升。而在此过程中，新材料的开发与应用始终是推动储能技术进步与发展的关键。

4.8.2 锂离子电池

作为目前最常用的电化学储能器件，锂离子电池的发展与产业化是新材料不断开发和使用的过程。锂离子电池的早期商业化主要基于英国科学家斯坦利•惠廷厄姆(Stanley Whittingham，1941 年—)与埃克森美孚公司合作开发的硫化钛(TiS_2)正极和锂金属负极电池(1976 年)[47,48]。虽然该电池表现出良好的循环稳定性和较高的工

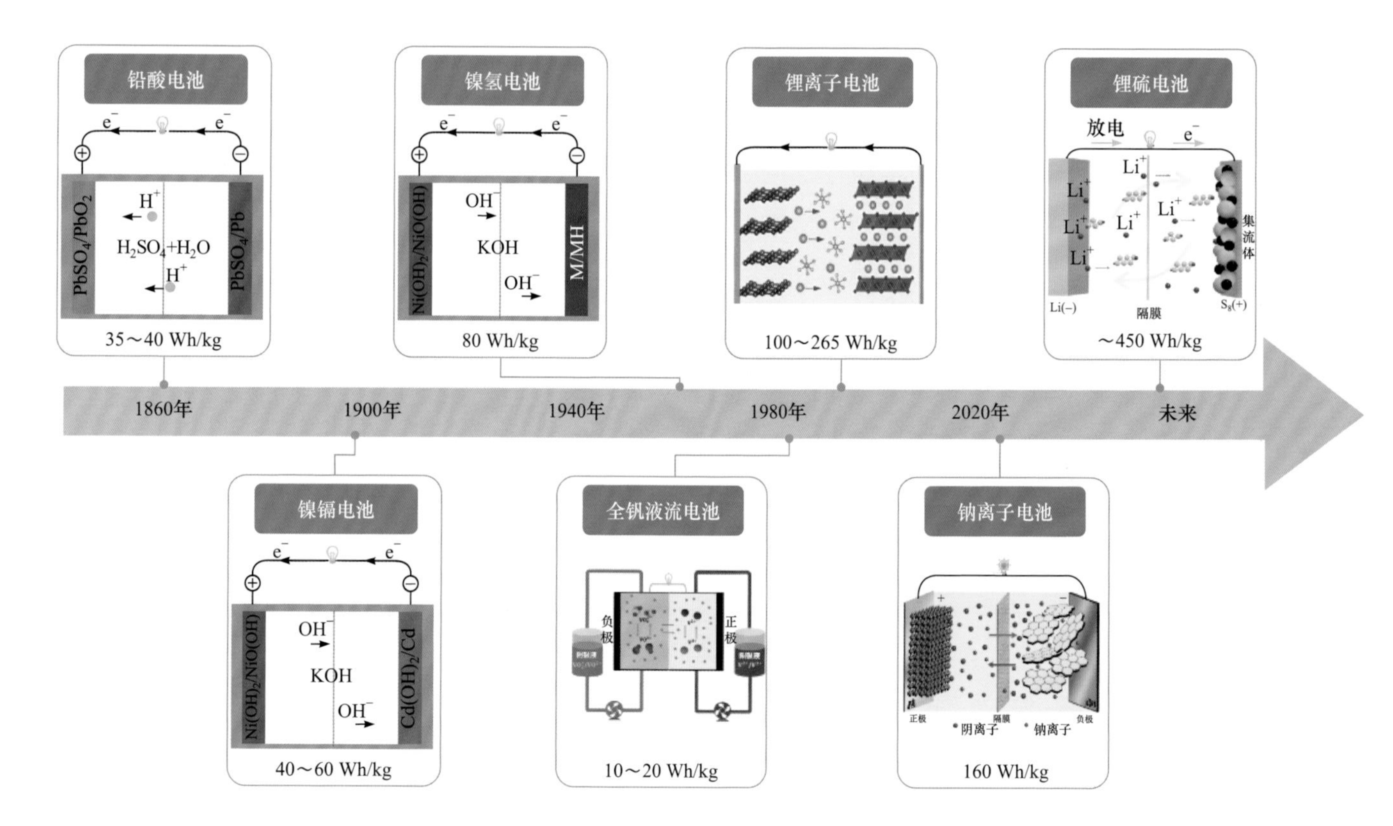

图4.32 电化学储能的发展历程

作电压，但由于锂金属负极的“枝晶”问题，容易造成电池内部发生短路，导致由于电池热失控引发的燃烧、爆炸等事故频发。针对上述问题，人们意识到采用插层型负极如石墨，通过将锂离子储存在石墨碳原子层间，有望缓解“枝晶”问题，提升电池的安全性能。然而，传统电解液中溶剂分子的“共嵌”现象容易造成石墨负极的剥落和结构的破坏，以致电池性能快速衰减。此外，由于插层型负极通常反应电位较高(相比于锂金属)，将造成电池的工作电压和能量密度降低。

在正极侧，美国科学家约翰•古迪纳夫(John B. Goodenough，1922 年—)首先预测到过渡金属氧化物相比于硫化物具有更高的容量和工作电压(> 4 V，相比于锂金属)，并于 1980 年开发出基于钴酸锂($LiCoO_2$)正极的锂离子电池，显著提升了电池的工作电压和能量密度[49]。上述研究成果也使得采用具有较高反应电位的负极材料(相比于锂金属)成为可能。日本科学家吉野彰(Akira Yoshino，1948 年—)首先证实采用石油焦(一种晶态-非晶碳复合结构)作为负极，能够实现锂离子的可逆存储(约 0.5 V，相比于锂金属)，并有效抑制了“锂枝晶”的产生，提升了电池的安全性。

基于以上成果，Sony 公司于 1991 年推出了基于石油焦负极、钴酸锂正极以及六氟磷酸锂($LiPF_6$)溶于碳酸丙烯酯(PC)电解液的新型锂离子电池。至此，锂离子电池开启了大规模商业化应用的序幕。此后，人们又逐渐意识到，含有碳酸乙烯酯(EC)的电解液体系有助于在石墨负极表面形成稳定的固态电解质界面(SEI)膜，在实现锂离子可逆插层/脱嵌的同时(约 0.1 V，相对锂金属)，能够有效抑制溶剂分子的“共嵌”现象以及电解液的持续分解，从而为石墨负极的规模化应用奠定基础，并进一步提升了锂离子电池的工作电压和能量密度[50]。

由于锂离子电池的普及和广泛应用，2019 年诺贝尔奖委员会将诺贝尔化学奖共同授予约翰•古迪纳夫、斯坦利•惠廷厄姆和吉野彰三位科学家，以表彰他们在推动锂离子电池发展过程中做出的突出贡献(图 4.33)。

锂离子电池的结构和工作机理如图 4.34 所示。充电时，锂离子从正极材料中脱出，通过电解液并穿过隔膜迁移到负极，最后嵌入到负极石墨层间；放电过程则相反，锂离子从负极石墨中脱出，通过电解液回到正极材料中，即典型的“摇椅式”工作机理[反应式(4.1)～(4.3)]。上述充放电过程所涉及的反应如下：

正极反应：
$$\mathrm{LiCoO_2 \rightleftharpoons Li_{1-x}CoO_2 + xLi^+ + xe^-} \tag{4.1}$$

负极反应：
$$\mathrm{6C + xLi^+ + xe^- \rightleftharpoons Li_xC_6} \tag{4.2}$$

总反应式：
$$\mathrm{LiCoO_2 + 6C \rightleftharpoons Li_{1-x}CoO_2 + Li_xC_6} \tag{4.3}$$

由此可见，正负极材料的容量、反应电位、结构稳定性，以及电解液的电化学窗口、离子电导率等，对电池的性能均具有决定性的影响，包括工作电压、容

图 4.33　2019 年诺贝尔化学奖获得者，从左到右分别为约翰·古迪纳夫、斯坦利·惠廷厄姆和吉野彰

引自 https://www.lindau-nobel.org/blog-a-rechargeable-world-2019-nobel-prize-in-chemistry/

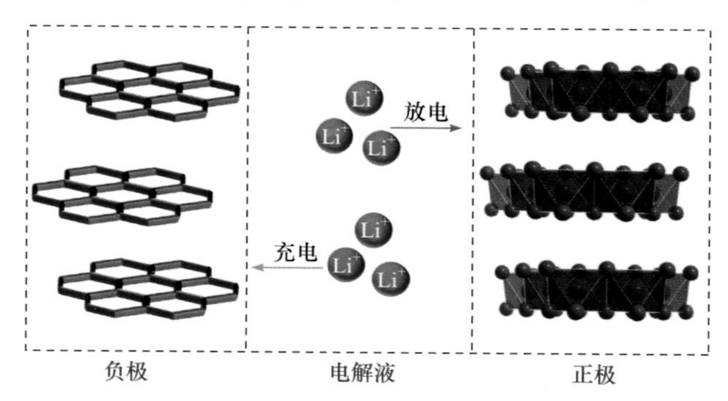

图 4.34　锂离子电池的工作机理

量、能量密度、循环稳定性、倍率性能、安全性能等。此外，隔膜作为阻断电子传输同时导通离子的关键材料，对电池的安全性和稳定性也具有直接影响。因此，为提升锂离子电池的综合性能，研究人员围绕正负极材料、电解液以及隔膜等关键材料开展了大量研发工作。

正极材料。作为锂离子电池的关键材料，理想的正极材料性能要求包括：较高的氧化还原电位，有利于获得高的工作电压；允许大量锂离子嵌入/脱出，且结构变化小、可逆性好；锂离子扩散系数大、电子导电性优异；化学/热稳定性好，与电解液具有较好的相容性；资源丰富，环境友好，价格便宜。基于上述要求，正极材料经历了长时间的研究和发展，其主要历程如图 4.35 所示。

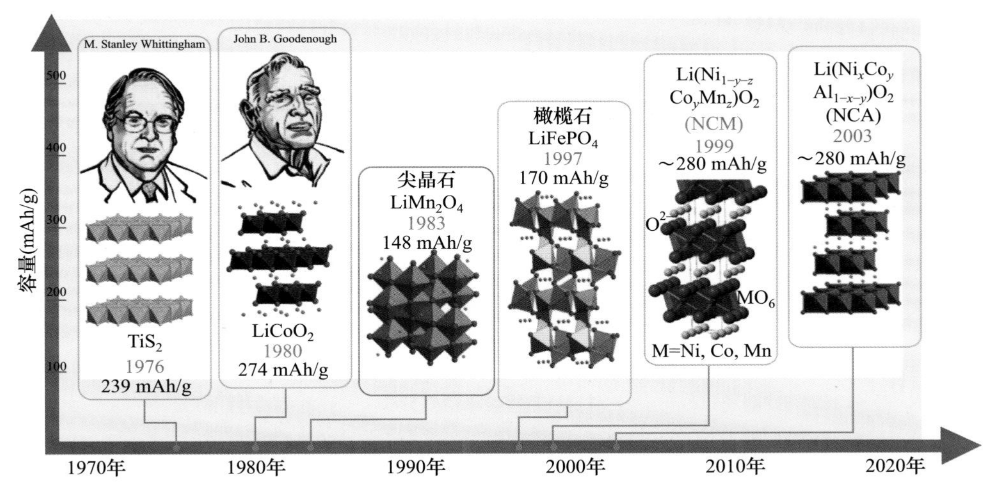

图 4.35 锂离子电池正极材料的发展历程

作为最早实现大规模商业化应用的正极材料，钴酸锂($LiCoO_2$)具有电压高、循环稳定性优异等特点。然而，尽管钴酸锂具有高的理论比容量(274 mAh/g)，但通常情况下，钴酸锂正极材料中只有 50%的锂离子能够实现可逆嵌入/脱出，造成正极材料的实际容量不高。此外，由于过渡金属钴资源有限、分布不均等问题，导致钴酸锂正极材料价格居高不下。因此，多种新型正极材料相继被开发和应用，包括具有成本优势的磷酸铁锂($LiFePO_4$)、锰酸锂($LiMn_2O_4$)等正极材料，具有高容量的镍钴锰(NCM)、镍钴铝(NCA)等三元正极材料。典型正极材料的性能参数比较如表 4.4 所示[51]。

表 4.4 典型正极材料的性能参数比较[51]

类型	磷酸铁锂	锰酸锂	钴酸锂	三元镍钴锰	三元镍钴铝
化学式	$LiFePO_4$	$LiMn_2O_4$	$LiCoO_2$	$Li(Ni_xCo_yMn_z)O_2$	$LiNi_{0.8}Co_{0.15}Al_{0.05}O_2$
晶体结构	橄榄石结构	尖晶石	层状	层状	层状
压实密度(g/m³)	2.20～2.30	＞3.0	3.6～4.2	＞3.40	＞3.6
理论容量(mAh/g)	170	148	274	273～285	279
实际容量(mAh/g)	130～140	100～120	135～150	155～220	240～270
工作电压(V)	3.4	3.8	3.7	3.6	3.7
循环性(次)	2000～6000	500～2000	500～1000	800～2000	1500～2000
成本	低	低	高	适中	适中

续表

类型	磷酸铁锂	锰酸锂	钴酸锂	三元镍钴锰	三元镍钴铝
安全性能	好	良	差	良	良
应用领域	电动汽车、储能	电动工具、电动自行车	3C 电子产品	电动汽车	电动汽车

与此同时，针对正极材料仍存在的循环稳定性差、锂离子扩散动力学性能不足、高低温性能有限等关键问题，研究人员进一步通过结构设计、元素掺杂、表面包覆等手段对其进行改性设计，并通过工艺优化，以满足锂离子电池的不同应用场景需求。

负极材料。理想的负极材料要求包括：氧化还原电位尽可能低；允许大量锂离子嵌入/脱出，且可逆性好，结构变化小；锂离子扩散动力学和电子导电性优异；能够在负极/电解质界面形成稳定的固态电解质界面(SEI)膜；化学性质稳定，在形成固态电解质界面膜后与电解质不发生进一步的副反应；资源丰富，环境友好，成本低等。针对上述要求，负极材料经历了从锂金属负极到石墨负极，以及近年来重新开始关注锂金属负极的发展历程(图 4.36)。

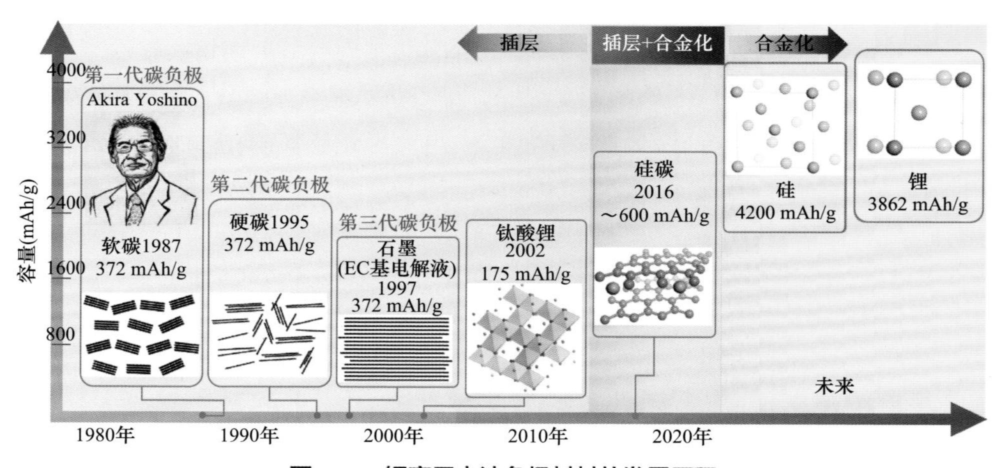

图 4.36 锂离子电池负极材料的发展历程

锂离子电池的早期发展过程中，由于锂金属负极的“枝晶”问题，石油焦、硬碳、软碳、石墨(包括人造石墨、天然石墨、中间相碳微球)、钛酸锂等负极材料相继被开发，并分别实现了商业化应用[52]。然而，尽管目前应用较多的石墨负极具有循环稳定性优异、来源丰富以及成本低的优点，但其比容量有限(LiC_6:

372 mAh/g)，难以满足人们对高比能储能器件的需求。为此，研究人员致力于研发具有更高比容量的合金化负极，包括硅、铝、锡等。针对合金化负极存在的体积膨胀问题，通过结合石墨负极和合金化负极的优势，开发出具有商业化应用前景的硅碳负极。另一方面，随着对锂离子电池研究的深入，近年来人们开始重新关注具有高比容量(3862 mAh/g)、低反应电位的锂金属负极。针对锂金属存在的“枝晶”问题，通过负极集流体设计、人造 SEI 膜构筑、电解液调控等措施，提高了锂金属沉积的均匀性和致密性，并逐步探索了其规模化应用的可能性。不同负极材料的性能对比如表 4.5 所示[53]。

表 4.5　不同负极材料的性能参数比较

性能	C	$Li_4Ti_5O_{12}$	Al	Sn	Si	Li
嵌锂相	LiC_6	$Li_7Ti_5O_{12}$	LiAl	$Li_{4.4}Sn$	$Li_{4.4}Si$	Li
理论比容量(mAh/g)	372	175	993	994	4200	3862
理论体积容量(mAh/cm^3)	837	599	2681	7246	9786	2061
体积变化(%)	12	0.2～0.3	97	260	360	—
嵌锂电位(V *vs.* Li^+/Li)	0.05	1.55	0.3	0.6	0.4	0

电解液。作为锂离子的传输媒介，锂离子电池电解液的电化学稳定性、电解液/电极材料界面兼容性、离子电导率等对电池的性能具有直接的影响。对电解液的要求包括：高的离子电导率(> 10^{-3} mS/cm)；较宽的电压窗口；高的热稳定性和化学稳定性；与电极材料、隔膜等相容性好；安全、无毒、无污染。

电解液主要包括溶剂、锂盐、添加剂等组分。早期电解液研究中，为了匹配锂金属负极，通常采用醚类溶剂，然而，醚类溶剂氧化电位有限，难以匹配高电压正极；锂盐通常采用高氯酸锂($LiClO_4$)、四氟硼酸锂($LiBF_4$)，但高氯酸锂不稳定，而基于四氟硼酸锂的电解液离子电导率相对较低、与石墨负极兼容性不足。经过长期研究，目前商用锂离子电池电解液体系主要基于六氟磷酸锂($LiPF_6$)和碳酸酯类溶剂。此外，为了提升电解液与电极材料的界面兼容性，通常还需要在电解液中引入功能化添加剂(图 4.37)。随着锂离子电池的发展，对于能够有效匹配高电压正极、锂金属负极以及具有高安全、宽工作温域等性能的新型电解液的开发越来越迫切。目前研究较多的新型电解液体系包括离子液体电解液、高浓度电解液、凝胶聚合物电解质、固态电解质等。

隔膜。锂离子电池中，隔膜主要起阻断电子同时传导锂离子的作用，对电池的稳定性和安全性具有直接影响。对隔膜的性能要求包括：具有良好的电解液润

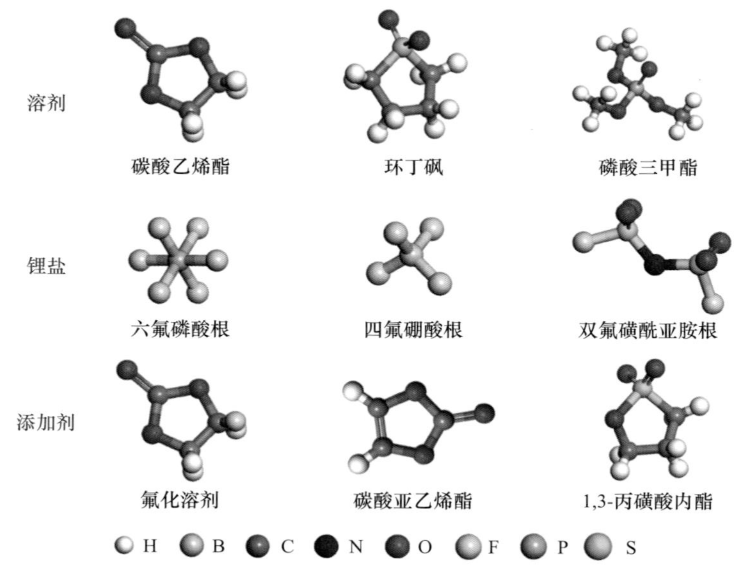

图 4.37　锂离子电池电解液的不同组分结构示意图

湿性；耐有机溶剂；高化学稳定性；高热稳定性；优异的力学性能；高安全保护性。隔膜通常采用高强度薄膜化的聚烯烃多孔膜，包括聚乙烯、聚丙烯等(图 4.38)。此外，在电池过度充电或者温度升高时，隔膜发生膨胀通过闭孔阻塞隔膜中的孔洞，切断锂离子的传导，可避免电池由于温度过高而引发起火爆炸等事故。因此，隔膜工艺具有较高的技术壁垒。另一方面，在追求锂离子电池高能量密度的情况下，隔膜的厚度进一步降低，因此对其各个性能参数指标的要求进一步提高。经过多年的发展，我国目前常规隔膜已基本实现了国产化，而先进高端隔膜仍依赖国外进口。

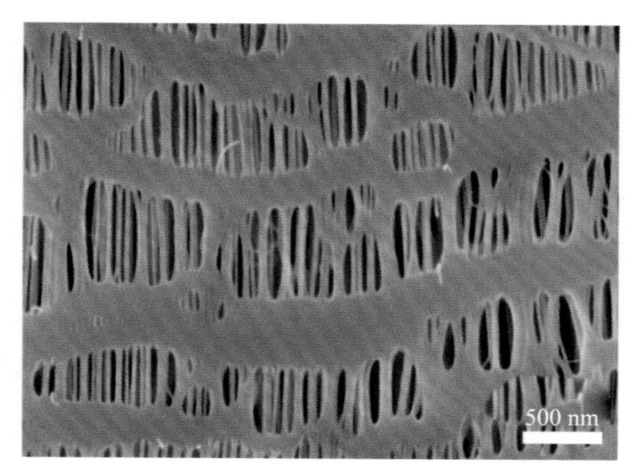

图 4.38　锂离子电池隔膜实物图和微观结构图

4.8.3　其他新型电池

近年来具有优异性能和成本优势的新型电池体系也不断涌现，包括全固态电池、锂硫(空)电池、液流电池、超级电容器、双离子电池等。

全固态电池：传统锂离子电池通常采用液态电解液，一旦受到挤压、冲击，就会导致隔膜破裂，造成正负极短路，锂电池内部产生大量热量，加上液态电解液中易燃的有机溶剂，从而引起电池起火甚至爆炸。相对于液态锂电池，固态电池的最主要优势体现在安全性和能量密度方面。具体而言，由于采用固态电解质，固态电池的正负极不容易发生短路，固态电解质不可燃也不易挥发，且耐高温，在极端情况下不易发生起火和爆炸等事故[54]。从能量密度上来看，基于液态电解液锂电池的最高理论能量密度为 350 Wh/kg，而加上电池管理系统等部件后，全系统的极限能量密度为 300 Wh/kg。相比而言，固态电池能够将能量密度提高到 350 Wh/kg 以上，用于电动汽车可有效提升整车的续航里程。然而，固态电解质目前仍面临较大的挑战，包括室温离子电导率低、电极材料/固态电解质界面兼容性差等问题。

锂硫(空)电池：锂硫电池和锂空气电池分别采用硫单质和氧气作为正极活性材料，理论比容量高，如 Li_2S：1675 mAh/g[55,56]。因此，锂硫(空)电池通常具有高的能量密度，全电池理论能量密度达到 500 Wh/kg 以上(图 4.39)。此外，由于硫、氧等元素资源丰富，有利于大幅降低电池的成本，在规模化储能领域应用前

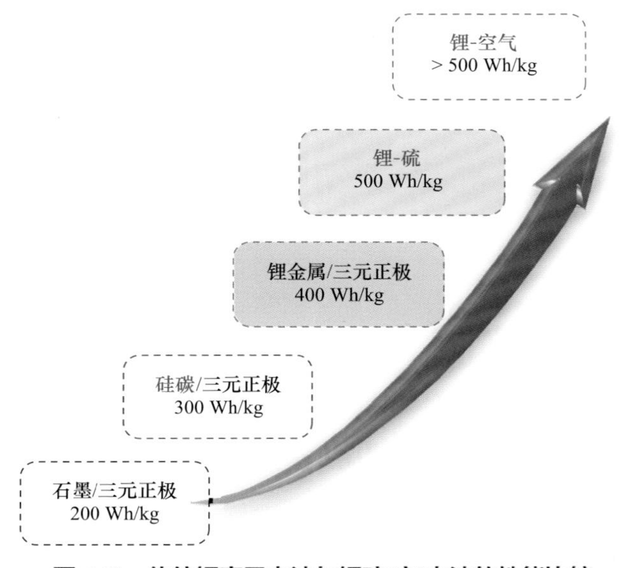

图 4.39　传统锂离子电池与锂硫(空)电池的性能比较

景广阔。然而，硫和氧单质导电性差，且存在“穿梭效应”等问题，导致该电池体系目前仍面临理论容量发挥有限、循环稳定性差以及体积能量密度不足的挑战。

液流电池：液流电池是一种通过离子交换膜将两种不同的活性溶液体系隔离开，从而实现电能的储存与转化的电化学储能新技术，具有系统设计灵活、蓄电容量大、效率高、安全性高、维护费用低等优点，可广泛应用于储能、备用电站和电力系统削峰填谷等方面。目前，全钒液流电池由于稳定性好及寿命长等优点，已初步试用于规模储能。然而，由于全钒电解液价格昂贵，导致电池成本仍然较高。相比而言，碱性锌铁液流电池储能技术具有成本低、安全性好、开路电压高、环境友好等特点，在分布式储能等领域具有良好的应用前景(图 4.40)[57]。然而该电池体系仍面临循环稳定性不足以及锌枝晶等问题。

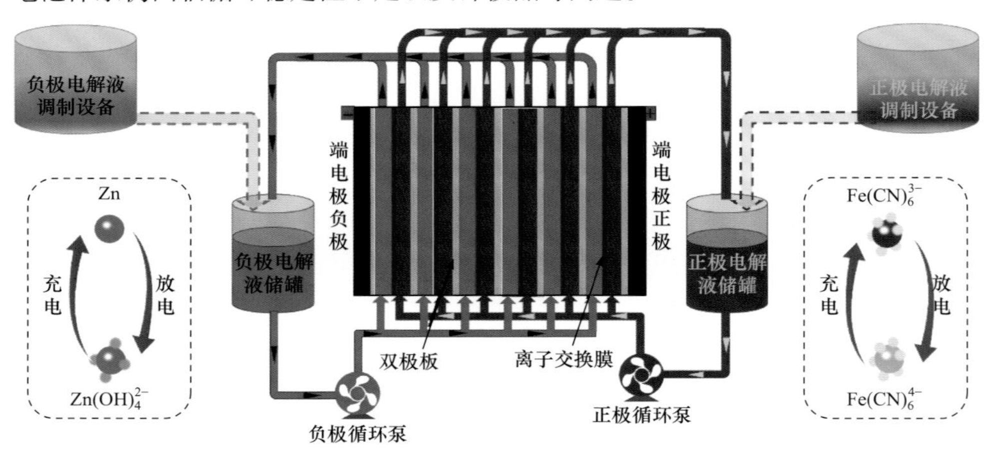

图 4.40　碱性锌铁液流电池结构和工作机理示意图

超级电容器：超级电容器也称双电层电容器，具有高功率的特点，能够作为快速启动、瞬时充放电等特定场景的电化学储能器件。不同于传统锂离子电池的“摇椅式”工作机理，超级电容器通常依靠材料对电荷的快速吸附/脱附作用实现充放电，因而具有高的功率密度。然而，也正是因为这种表面吸附/脱附反应机理，导致其能量密度有限。为了提升超级电容器的能量密度，通常需要采用具有导电性能优异、比表面积高的电极材料，包括活性炭、生物质炭等。近年来，碳纳米管、石墨烯等新材料逐渐兴起，凭借其高比表面积、优异的导电性能等优点，成为超级电容器的理想材料，并得到了广泛关注和大量研究。

廉价电池体系：随着清洁新能源的开发和利用，电化学储能器件的需求与日俱增。在锂离子电池中，锂作为正极材料和电解液的关键元素，在很大程度上决定了电池的性能。然而，锂资源储量有限且分布不均。美国地质调查局统计，截至 2019 年，全球锂矿储量仅为 1700 万吨，且大部分集中在南美洲、澳大利亚等少数国家和地区，而我国占比不到 6%[58]。因此，现有锂资源将难以支撑锂离子电池的持续发展。此外，传统电池正极通常含有钴等过渡金属，同样存在着资源有限、分布不均的问题(图 4.41)。

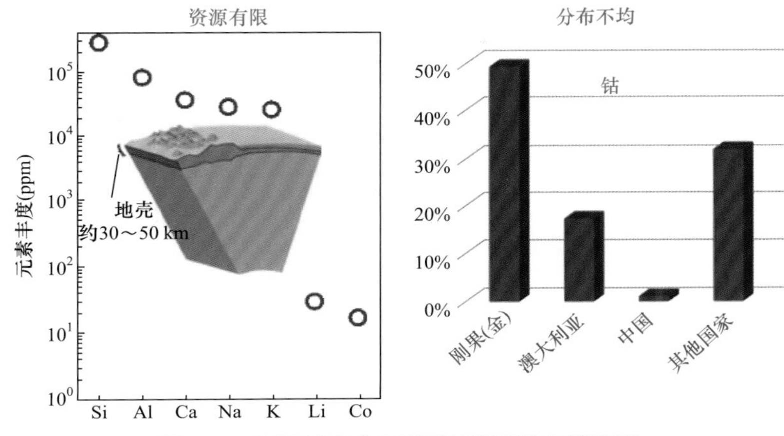

图 4.41　不同元素丰度以及钴资源分布的比较

与锂元素相比，其他碱金属、碱土金属(如钠、钾、钙等)具有更为丰富的资源优势，适用于规模化储能。因此，开发非锂电池体系，成为电化学储能的一个重要发展方向。近年来，我国钠离子电池产业发展较快，2021 年，宁德时代新能源科技股份有限公司发布了第一代钠离子电池，标志着钠离子电池商业化的开端。另一方面，发展不含钴等过渡金属的廉价正极(如无钴高镍正极)也是目前电池领域研究的一个重要方向。

4.8.4　我国电池产业发展现状

我国锂电产业呈现快速发展的态势。从 2010 年开始，我国锂离子电池产业稳步发展，2020 年锂离子电池产业的规模达到 1980 亿元，2010～2020 年期间增长了近 3 倍(图 4.42)[59]。近年来，随着我国新能源汽车的快速发展，锂离子电池市

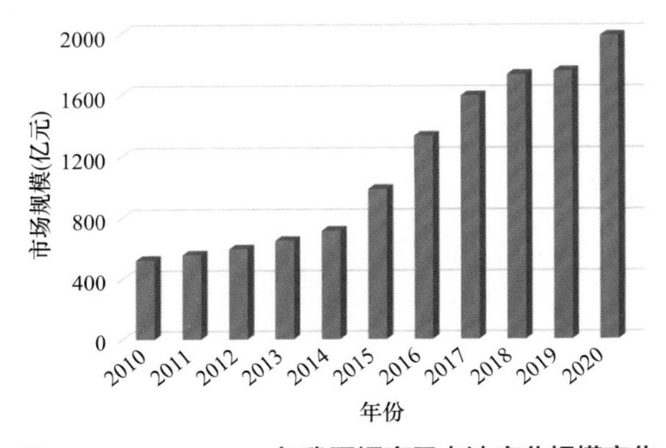

图 4.42　2010～2020 年我国锂离子电池产业规模变化

场规模还在持续扩大。与此同时，我国发布了一系列政策支持锂电相关产业的发展。2020 年 10 月，国务院办公厅印发《新能源汽车产业发展规划(2021—2035年)》，大力支持新能源汽车产业发展。据估计，2020～2025 年我国新能源汽车市场的年均复合增长率将达到 40%。

然而，新能源电池产业的发展仍然面临着困难和挑战。例如，锂离子电池需求的增加导致锂资源的大量消耗，使得锂资源储量有限且分布不均的瓶颈问题更加突出。此外，目前商业化锂离子电池的能量密度已接近极限(＜300 Wh/kg)，越来越难以满足对长续航的需求。因此，进一步提升锂离子电池的能量密度，同时探索新型高效低成本储能器件以及发展氢燃料电池等具有重要意义。

4.9 新材料与氢能

氢是宇宙中最为丰富的元素。作为二次能源，氢能是实现不同能源形式转化的重要纽带；此外，氢具有高的燃烧值，分别是汽油、酒精和焦炭的 3 倍、3.9 倍和 4.5 倍[60]。由于氢气燃烧的产物是水，氢燃料具有绿色、清洁的特点。氢能还可以作为能源载体，对过剩电力以及规模化太阳能、风能等可再生能源发电进行存储。因此，发展氢能不仅能够有效应对能源危机和环境污染问题，同时能够优化现有能源结构，是实现碳中和发展目标的有效途径(图 4.43)。

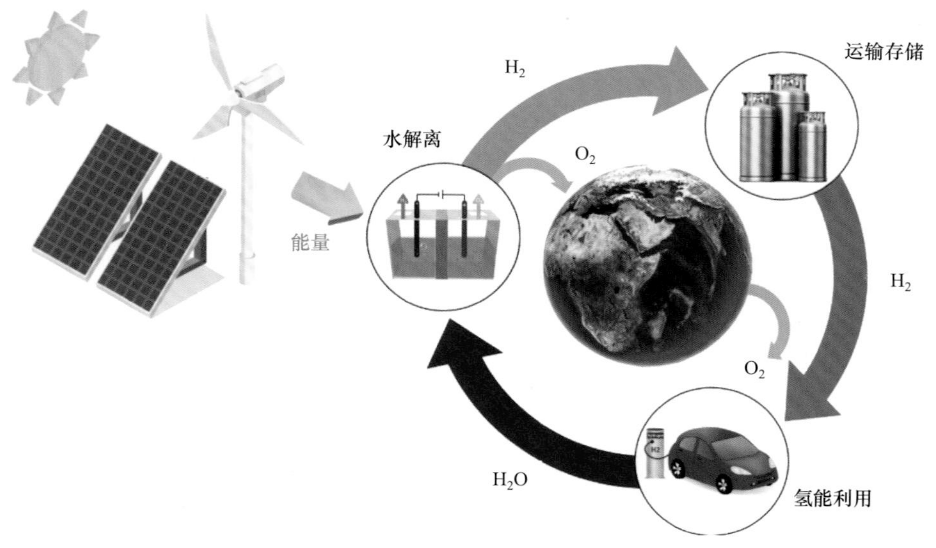

图 4.43　氢循环示意图
图片来源：摄图网

鉴于此，世界各国正逐渐加大氢能产业的研发和投入[61,62]。早在 2002 年，美国就提出了“氢经济”概念，发布了《国家氢能发展路线图》，并制定采用氢能取代化石能源成为终端能源的发展目标；2014 年，美国颁布《全面能源战略》，确立了氢能的关键战略地位。欧盟于 2003 年颁布了“氢发展构想报告和行动计划”，规划到 2050 年氢能经济基本取代传统化石能源经济，并于 2019 年发布《欧洲氢能路线图：欧洲能源转型的可持续发展路径》，规划了面向 2030 年、2050 年的氢能发展路线。日本的氢能发展较早，于 1973 年就成立了氢能源协会，引导氢能源技术的研发；2014 年，日本制定“氢能和燃料电池发展战略路线图”，随后制定氢能战略，规划从 2040 年开始，构建包括制氢、储氢和氢能转化为一体的氢能经济；2018 年，日本发布了“第五次能源基本计划”，进一步强调氢能利用的重要性。经过多年的发展，日本目前在氢能生产和利用的各个关键环节均处于领先地位。2014 年，日本丰田公司率先推出首款“未来”(Mirai)燃料电池汽车，标志着氢能成功商业化的开始。

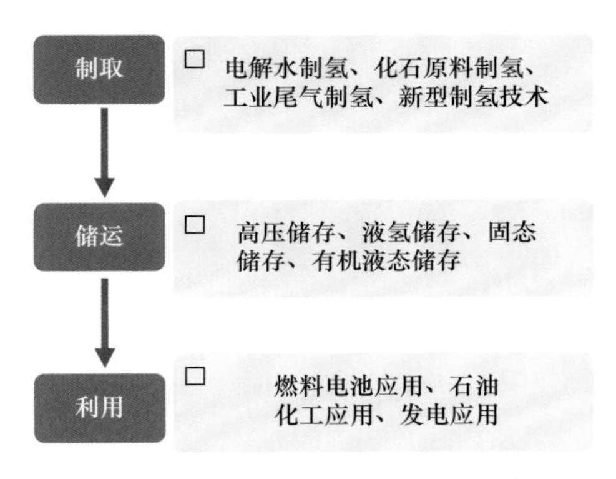

图 4.44　氢能产业的上下游环节

具体而言，氢能产业包括氢能制备、氢能存储与运输、氢能转化(包括燃料电池、石油化工)等上下游各个环节(图 4.44)，且各个环节的发展无不与新材料密切相关。

4.9.1　氢能制备

氢气制取的方式多种多样，主要包括化石燃料制氢、电解水制氢、光催化制氢等手段。其中，化石燃料制氢由于具有成本优势，是目前主要的制氢方式，占制氢总量的 90% 以上(图 4.45)[63,64]。但该制氢方式的问题是碳排放较高。相比而言，电解水制氢绿色清洁，但需要消耗电能，成本较高、规模化生产受限。利用太阳能、风能等清洁能源发电进行电解水制氢是较为理想的选择，还能有效避免“弃风弃光”问题，逐渐成为制氢的主要发展方向。此外，光催化制氢直接利用太阳光辐射实现水分解，是更为理想的制氢手段，但目前仍处于实验室研究阶段。

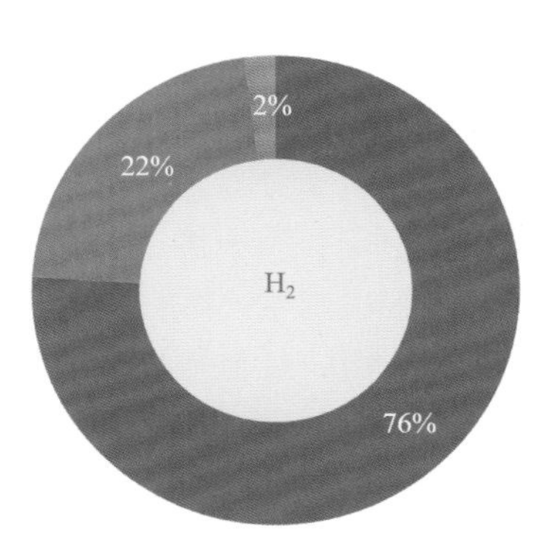

图 4.45　全球氢能主要来源占比

(1) 化石燃料制氢。在化石燃料制氢中，天然气重整(Steam Methane Reforming，SMR)工艺制氢是目前最常用的方法，也是较为成熟的技术。具体过程为，天然气中的甲烷和水蒸气在镍等催化剂表面发生反应，生成一氧化碳和氢气[反应式(4.4)和式(4.6)]。由于我国富煤、少气，目前主要通过煤气化制取氢气，即煤与水反应生成一氧化碳和氢气[反应式(4.5)和式(4.6)]。尽管采用化石燃料制氢成本低、工艺成熟，但制氢过程中产生了大量的一氧化碳、二氧化碳等温室气体，直接排放将造成严重的环境污染问题。因此，通常采用碳捕获和封存技术(Carbon Capture and Storage，CCS)以及碳捕获、利用与封存(Carbon Capture，Utilisation and Storage，CCUS)以减少碳排放。

$$CH_4 + H_2O = CO + 3H_2 \tag{4.4}$$

$$C + H_2O = CO + H_2 \tag{4.5}$$

$$CO + H_2O = CO_2 + H_2 \tag{4.6}$$

(2) 电解水制氢。电解水制氢是通过电能直接将水分解产生氢气的技术。水的电解反应可以分为析氢反应(HER)和析氧反应(OER)两个半电池反应[反应式(4.7)～(4.9)]。电解水制氢面临析氢反应过电位高以及析氧反应动力学缓慢的问题，导致电解水制氢的效率受到限制。因此，开发高效催化剂以降低析氢反应过电位、提升析氧的反应动力学，是实现高效制氢的关键。

阳极：
$$H_2O \longrightarrow 2H^+ + \frac{1}{2}O_2 + 2e^- \tag{4.7}$$

阴极：
$$2H^+ + 2e^- \longrightarrow H_2 \tag{4.8}$$

总反应：
$$H_2O = H_2 + \frac{1}{2}O_2 \tag{4.9}$$

具体而言，电解水制氢主要包括质子交换膜(PEM)电解水、碱性电解水和高温固体氧化物电解水等三种主要途径[65]。

质子交换膜电解水制氢是最常用的电解水制氢途径，其电解槽结构主要包括阴阳极板、催化剂、质子交换膜等。其中，质子交换膜主要用于分隔阴阳两极产生的气体并起到导通质子的作用，通常采用具有化学性质稳定、质子传导性优异以及气体分离性好的全氟磺酸质子交换膜。相比于碱性电解水制氢，酸性条件下析氢反应过程活性更高，因此具有高能效和响应速度快的特点，且电流波动性适应性好，能够有效匹配波动特性大的太阳能、风能等可再生能源，极具发展前景。目前质子交换膜制氢已在加氢站现场制氢、可再生能源(如太阳能、风电)电解水制氢等领域实现了应用示范。

另一方面，由于质子交换膜电解水制氢的酸性条件，使得该技术对催化剂的要求较高，包括高催化活性、抗酸性腐蚀、高比表面积、优异的电化学稳定性等特性。研究表明，在酸性介质中，Pt 等贵金属具有最为优异的电催化活性(图 4.46)[66]。因此，目前质子交换膜电解水制氢催化剂通常采用铂(Pt)、钯(Pd)等贵金属及其合金，但贵金属催化剂面临制氢成本较高的问题。

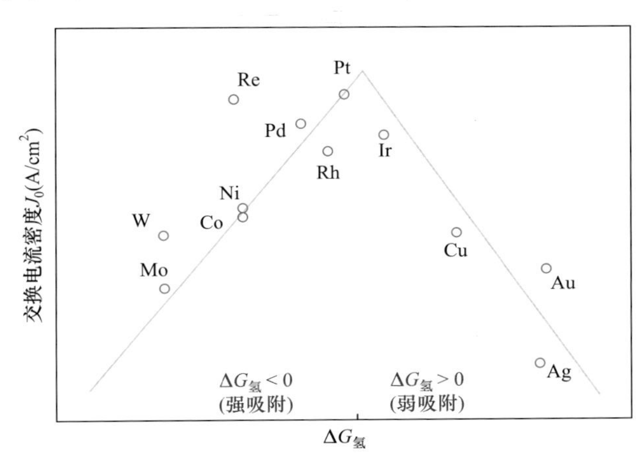

图 4.46　酸性介质中不同金属表面的交换电流密度大小与氢吸附自由能大小比较

因此，如何在获得高的电解水制氢效率的同时，减少贵金属使用或采用非贵金属催化剂，是质子交换膜电解水制氢研究的一个重要方向。例如，通过构建高分散、超小(< 1 nm)且稳定的铂催化剂，能够在降低铂载量的同时，提升催化剂的催化效率。合金化、元素掺杂等手段也是降低贵金属催化剂用量的有效途径。例如，将金属铂与镍复合，能够在减少贵金属用量的同时，通过协同效应，有效提升析氢反应的效率。此外，开发过渡金属碳化物、过渡金属磷化物、过渡金属硫属化合物等高效非贵金属催化剂也是目前的研究热点[67]。

除了阴极以外，质子交换膜电解水制氢中的阳极极化也是影响制氢效率的重要因素。对于阳极催化剂，通常采用具有催化活性高、抗氧化、耐腐蚀等性能的贵金属及其氧化物材料，包括铱(Ir)、钌(Ru)、二氧化钌(RuO_2)、二氧化铱(IrO_2)等。与析氢催化剂类似，为了降低制氢成本、减少贵金属的使用量，开发非贵金属催化剂也是目前研究的重点。例如，研究表明，在二氧化钌(RuO_2)催化剂中掺入非贵金属如钼(Mo)、锰(Mn)、钴(Co)等所得到的二元及多元复合催化剂，能够同时提升催化剂的活性和稳定性。

碱性电解水制氢的阴极和阳极材料通常采用金属合金，用石棉布等作为电解槽隔膜，电解液通常为质量分数为 20%～30%的氢氧化钠(NaOH)或氢氧化钾(KOH)溶液。由于碱性电解水催化剂可以采用非贵金属或金属氧化物、磷化物等材料，因此具有明显的成本优势[68]。同时，碱性电解水制氢技术具有反应温度较低、产氢纯度高、工艺成熟、投资成本低等优点。然而，碱性电解水制氢面临产氢效率低、碱性溶液腐蚀、二氧化碳溶解产生碳酸盐阻塞催化剂孔道、启动慢且难以有效配合波动特性大的可再生能源使用等问题。此外，相比于酸性介质，碱性介质中析氢反应活性较低，造成碱性电解槽的最大工作电流密度有限[69]。

高温固体氧化物电解水制氢通常采用具有良好热稳定和化学稳定性的固体氧化物作为电解质材料(如钇稳定的氧化锆氧离子导体)，镍-钇稳定的氧化锆(Ni-YSZ)等多孔金属陶瓷作为阴极材料，以及钙钛矿氧化物材料作为阳极材料[70]。具体反应过程包括：水蒸气(混有少量氢气防止催化剂氧化)通入阴极并发生还原反应，生成 H_2 和 O^{2-}负离子；在高温环境下，O^{2-}负离子穿过电解质层，在阳极发生氧化反应，生成 O_2。由于上述过程在高温下进行(800～950℃)，水电解电压低，制氢效率高[71]。此外，由于高温固体氧化物电解水制氢可以采用非贵金属催化剂，亦具有一定的成本优势[72]。

然而，高温工作条件导致电解槽材料的选择受到一定的限制。例如，高温高湿条件下，容易造成电极材料在长循环过程中性能快速衰减。目前，高温固体氧化物电解水制氢方法仍处于试验阶段。

(3) 光催化制氢。除了上述常用的制氢方法，光催化制氢是一种更为理想的途径。光催化制氢利用半导体材料将吸收的太阳能直接用于水的分解制取氢气，具有工艺简单、环境友好等优点。早在 20 世纪 70 年代，人们采用铂金属负载的二氧化钛(TiO_2)半导体作为电极实现了直接利用太阳光分解水制氢[73]。随后，基于半导体材料的光催化制氢技术越来越受到关注。光催化制氢主要分为三个过程(图 4.47)：

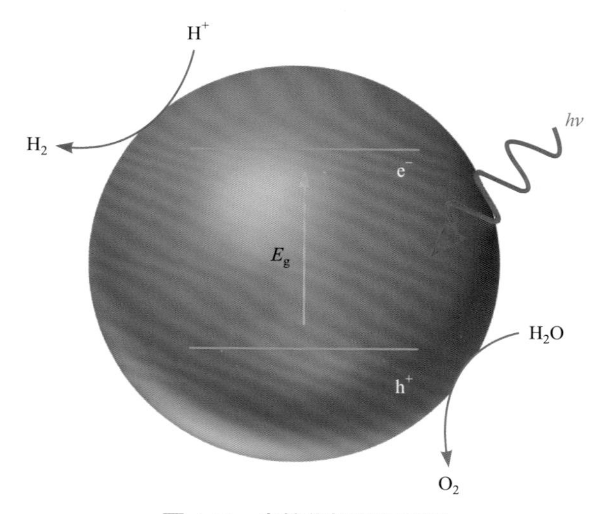

图 4.47 光催化机理示意图

①在入射光的激发下，半导体催化剂内部产生电子和空穴对；②电子和空穴发生分离，并迁移到光催化剂表面；③电子和空穴对在催化剂表面的反应活性位点分别与反应物质(水、质子等)发生还原和氧化反应，生成氢气和氧气[74]。上述三个连续反应过程的效率共同决定了光催化制氢过程的整体效率。

尽管发展前景诱人，但目前的光催化制氢半导体材料普遍存在吸收响应光谱范围窄、光生载流子分离效率低、复合率高、反应活性位点少等缺点，极大地限制了光催化制氢的效率。针对上述问题，常用的改进手段包括：①通过能带工程如构建异质结减小半导体催化剂材料的带隙，提升催化剂吸收响应光谱范围；②对材料结构、尺寸等进行调控，提高光生载流子分离效率并抑制载流子的复合；③采用复合助催化剂或牺牲剂促进电子和空穴的分离以及在活性位点的转化反应，如钌(Ru)、钯(Pd)、铂(Pt)、金(Au)等。例如，由于Pt的反应过电位低，能够促进光催化半导体材料表面的转化反应，从而提高了光生载流子的分离效率[75]。

4.9.2 储氢材料

除了氢气的制取，如何实现氢气的安全、高效、低成本存储和转运也是其利用的一个关键，储氢方式直接影响到氢能的使用场景和应用范围。目前常用的储氢方式分为物理储氢和化学储氢，具体包括高压气态储氢、低温液态储氢、固态储氢以及有机液态储氢等[18]。

(1) 高压气态/低温液态储氢。高压气态储氢是指通过外部压力将氢气以高压气体的形式储存在气瓶中，是目前常用的储氢技术，具有操作简单、充放氢速度快等优点。然而，目前高压储氢密度较低。例如，在200～400个大气压下，质量储氢密度约为4 wt%[76]。另外，在高压下存储的氢气存在泄漏等风险，安全隐患大；气体压缩能耗大，且高压条件对气瓶材料耐压性能要求苛刻，造成储氢成本较高。低温液态储氢是指在21 K温度下将氢气转变为液体进行储存的方法。由于液态氢密度高，低温液态储氢能够获得高的质量储氢密度。但低温储氢对储存容器的材料要求高、储氢能耗大，且面临氢气蒸发耗散的问题，不利于长期存储。低温液态储氢目前主要用于航天飞机、宇宙飞船等的运载火箭燃料。

(2) 固态储氢。固态储氢分为金属氢化物、轻金属配位氢化物、物理吸附储氢等几种方式。

金属氢化物是氢原子与金属形成的价键结构化合物。在金属氢化物中，氢原子通常占据金属晶格中的“间隙”位置(图4.48)。相比于高压/液态储氢，金属氢化物储氢在较低压力和较高温度下储氢性能优异，具有明显的成本和安全优势。

具体而言，常用的金属氢化物材料主要有钛铁系、镧镍系、镁基储氢材料等。钛铁系(如TiFe)材料储氢条件温和、价格便宜，但难活化且易受杂质毒化、不够稳定。镧镍($LaNi_5$)系材料具有温和的储氢条件以及吸收/释放氢气速度快等优点，

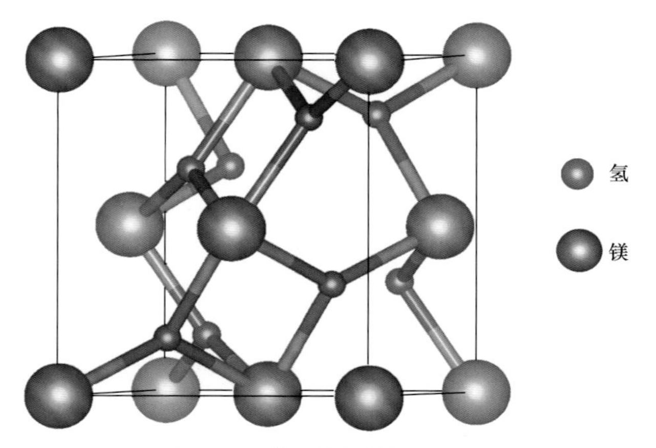

图 4.48 金属储氢材料示意图

广泛用于镍氢电池负极材料。然而，由于金属氢化物储氢材料所用金属原子序数通常较大，储氢质量百分比较低，难以达到储氢应用标准，如美国能源部对车载储氢系统的储氢标准为 5.5 wt% (2025 年目标)和 6.5 wt% (远期目标) (2011 年发布)[77]。例如，镧镍($LaNi_5$)材料的质量储氢密度约为 2 wt%[78]。相比而言，采用轻金属元素的镁系储氢材料如 MgH_2 理论质量储氢密度达到 7.6 wt%，且由于其材料成本低，具有应用前景[79]。然而，镁系储氢材料存在吸氢/脱氢动力学性能差的问题。目前对于镁系储氢材料的改性方法主要包括掺杂、复合以及纳米化等。

轻金属配位氢化物由包含氢原子的阴离子配位基团(如 NH_2^- 、BH_4^- 、AlH_4^- 等)与碱金属(如锂、钠、钾等)或碱土金属(如镁、钙等)阳离子构成，包括氨基锂($LiNH_2$)、铝氢化钠($NaAlH_4$)、硼氢化镁[$Mg(BH_4)_2$]等[77]。这类材料具有较好的安全性和较高的质量储氢密度，例如，铝氢化钠的理论质量储氢密度达到 7.5 wt%，但同样面临着释放氢气温度高、储氢可逆性差等问题。

物理吸附储氢是一种基于吸附材料与氢气分子间的范德瓦耳斯作用力而实现氢气存储的途径。常见的吸附材料包括碳质材料、金属有机框架结构、沸石结构材料等。活性炭、碳纳米管、石墨烯、碳纳米纤维等碳质材料通常具有高的比表面积，对气体具有良好的吸附性。例如，活性炭主要依靠其高的比表面积、内部孔隙结构以及表面活性官能团进行储氢，储氢性能与其比表面积及微孔(0.6～0.7 nm)孔容正相关[80]。金属有机框架结构材料具有比表面积高、孔结构丰富等特点；此外，通过调节有机金属框架中心金属原子以及有机配体的结构尺寸，能够调节材料的比表面积、孔径大小和孔容，从而有利于获得良好的储氢性能[81]。但由于金属有机框架结构与氢分子之间的相互作用力较弱，需要在较低温度下才能实现较高的储氢效率。沸石分子筛作为一种水合结晶硅铝酸盐，具有较大的比表面积、有序的孔道结构以及分子尺寸的孔径，也是一种潜在的储氢材料，其储氢性能与其组分、微孔结构等性质密切相关。然而，由于沸石分子筛分子质量大，其质量储氢密度有限。

(3) 有机液态储氢。有机液态储氢是指不饱和液态有机物(烯烃、炔烃、芳烃等)通过加氢/脱氢反应实现储氢的方法。有机液态储氢具有储氢密度大、安全性好、成本低、易于长时间保存和远距离运输等优点。但传统有机氢化物脱氢温度高、能耗大[82]。为了提升液态有机物的脱氢效率，通常需要采用铂、钯等作为催化剂。此外，研究表明，通过在有机物分子结构中引入杂质原子如氮、硼等，有利于降低脱氢反应温度[83]。

综上所述，虽然目前储氢手段多种多样且各有优点，然而还难以实现兼具高效、低成本和高安全性的特点，常见储氢材料的质量储氢密度如图 4.49 所示[84]。进一步开发高性能储氢材料，仍是实现氢能规模化应用的关键所在。

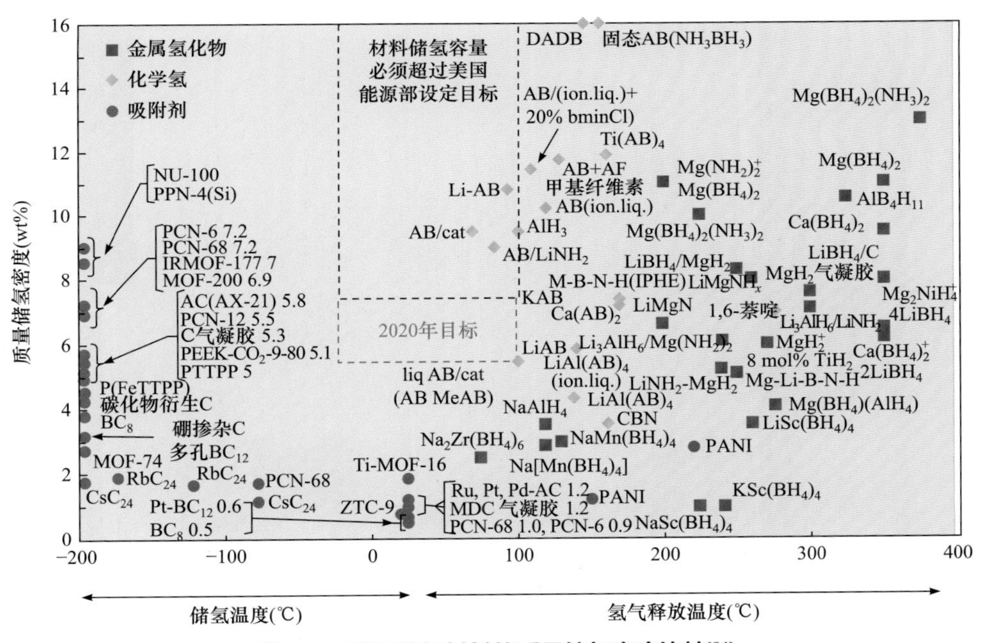

图 4.49　常见储氢材料的质量储氢密度比较[84]

4.9.3　氢能燃料电池

燃料电池是将燃料的化学能直接转化为电能的装置，氢燃料电池是氢气转化和利用的主要途径。氢燃料电池的主要优势包括：①电池反应效率高。燃料电池直接将化学能转化为电能，不经过燃烧过程，因此摆脱了传统内燃机基于卡诺循环的限制，理论发电效率能够达到 80%～90%[85]。②环境污染小。燃料电池产物为水，无其他环境污染物排放。③安全性较高。氢气逃逸速度快，能够有效降低由于事故引发的潜在爆炸风险。④氢燃料来源丰富，可以通过化石燃料、电解水以及可再生能源发电电解水制取。⑤工作温度低、启动速度快、工作寿命长。因此，氢燃料电池在电动交通工具、固定电站、国防军事以及航空航天等领域应用前景广阔。

燃料电池按照电解质可以分为质子交换膜燃料电池、碱性燃料电池、熔融碳酸盐燃料电池以及固体氧化物燃料电池等。其中，质子交换膜燃料电池是目前研究较为广泛的体系。质子交换膜燃料电池利用氢气和氧气作为燃料，分别在阳极和阴极发生电化学反应，对外输出电能。其工作原理是水电解的逆反应过程，具体电极反应[反应式(4.10)～(4.12)]如下：

正极：
$$\frac{1}{2}O_2 + 2H^+ + 2e^- \longrightarrow H_2O \tag{4.10}$$

负极：
$$H_2 \longrightarrow 2H^+ + 2e^- \tag{4.11}$$

总反应：
$$H_2 + \frac{1}{2}O_2 = H_2O \tag{4.12}$$

质子交换膜燃料电池的结构如图 4.50 所示，主要组成部件包括膜电极和双极板，其中，膜电极主要包含质子交换膜、催化剂、气体扩散层等[86]。与传统电池活性物质储存在电极材料中不同的是，氢燃料电池的活性物质氢气和氧气通常由外部引入。

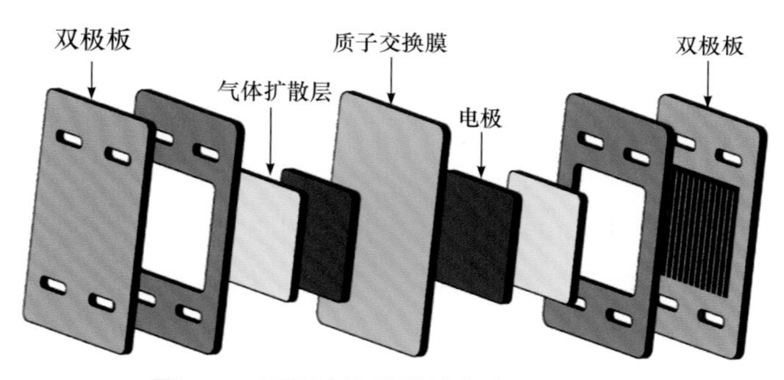

图 4.50　质子交换膜燃料电池结构示意图

作为膜电极的重要组成部分，质子交换膜在有效导通质子的同时，还起到防止电池内部短路、阻止氢气分子和水分子透过的作用。为实现质子的有效传导，质子交换膜的厚度需要尽可能薄，目前通常为十几到几十微米。除质子导通外，质子交换膜还需要具有电子绝缘性、优异的化学稳定性、高热稳定性、高机械强度以及低的气体渗透率等特点。全氟磺酰质子交换膜(如杜邦公司 Nafion 膜)由于机械强度高、化学性能稳定、导离子性能优异等特点，是目前最常用的质子交换膜(图 4.51)。然而，全氟磺酰质子交换膜仍存在高温结构不稳定、成本高等问题。因此，进一步对质子交换膜进行改性优化包括开发高温膜、复合膜等是目前研究的重要方向。

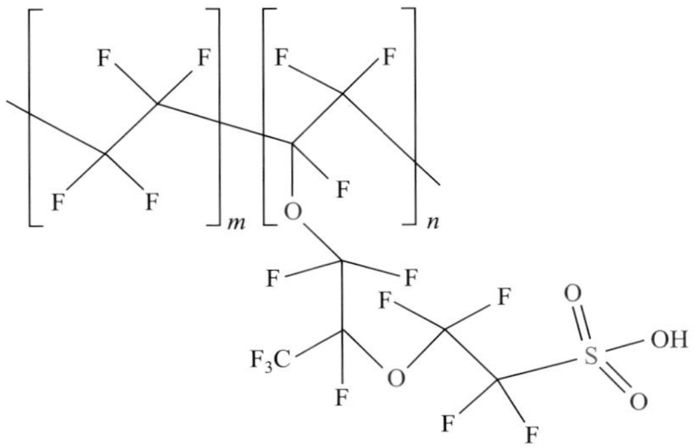

图 4.51　全氟磺酰质子交换膜结构示意图

催化剂是膜电极的关键材料，决定了电池的工作效率和使用寿命。质子交换膜燃料电池催化剂通常采用由 3～5 nm 的铂纳米颗粒和比表面积较大的碳材料组成的铂碳复合电极(Pt/C)。铂金属催化性能优异，且稳定性好、电导率高、耐腐蚀。然而，贵金属铂价格昂贵，导致催化剂成本高昂，占质子交换膜燃料电池电堆成本的一半左右，极大地限制了其商业化应用。例如，日本丰田推出的 Mirai 汽车，阴极铂的载量为 0.365 mg/cm^2，仍远高于美国能源部的目标值(0.125 mg/cm^2)[87]。此外，即使以 0.2 克每千瓦的铂载量计算，全球每年铂的产量仍将远低于车用燃料电池铂的消耗量。因此，通过结构设计在减少铂使用量的同时提升催化效率，以及开发高效非贵金属催化剂是质子交换膜燃料电池的主要技术发展方向。

气体扩散层用于支撑催化剂，为电极反应提供气体传输通道，同时协助排出反应生成的水，具有机械强度高、结构致密和导电性能优异以及耐腐蚀等特点。通常而言，薄的气体扩散层有利于减小气体扩散阻力和电池内阻。气体扩散层主要包括机械强度较高的支撑层和多孔结构的微孔层，支撑层多为经疏水处理的碳纸或碳布(孔径：20～100 μm)，用于传质和收集电流，而微孔层由石墨纤维材料构成(孔径：约 0.1 μm)，用于降低催化剂和支撑层之间的接触电阻，同时改善反应气体和产物水的传输，提高电极反应性能(图 4.52)。

此外，双极板作为传输反应气体、收集电流、散热、排水等功能的部件，对电池反应效率和使用寿命也具有直接影响。在整个燃料电池中，双极板的重量占电堆的 80%，体积占 60%以上，成本占比 30%～45%。双极板通常采用具有机械强度高、气密性好、导电导热、耐腐蚀等特点的材料，包括石墨板、金属板以及

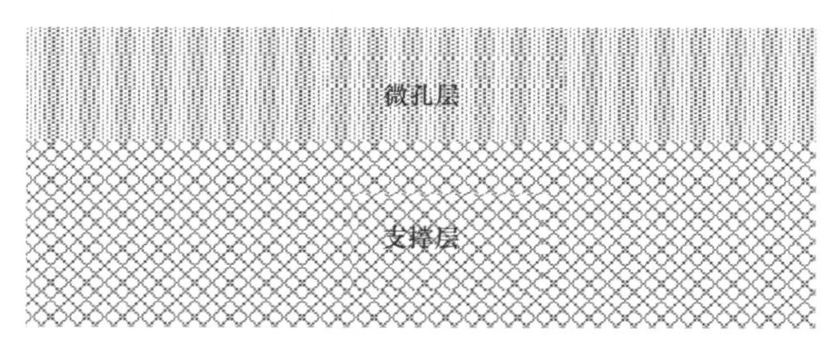

图 4.52　气体扩散层结构示意图

复合材料板等。其中，石墨双极板综合性能较好，且工艺较为成熟；金属双极板易加工、厚度薄、成本低，有利于提升电池的体积比能量和功率密度，但质量重、易被腐蚀；复合材料板综合了石墨板和金属板的优点，但存在工艺复杂、成本较高的问题[88]。

我国燃料电池发展起步较晚，氢燃料电池产业领域与发达国家尤其是日本在技术上差距明显。加大关键新材料和相关技术的开发投入，以推进我国车用燃料电池的商业化进程，是我国氢燃料电池产业发展的当务之急。为此，2019 年两会期间，我国首次将推动氢燃料电池产业发展纳入《政府工作报告》。2020 年 10 月，国务院办公厅发布了《新能源汽车产业发展规划(2021—2035 年)》，其中重点强调了要提高氢燃料制储运经济性，推进加氢基础设施建设。在可预见的未来，氢燃料电池必将成为我国新能源产业发展的关键环节。

4.10　新材料与智慧能源

智慧能源是近年来兴起的新概念，是适应能源变革和新技术迭代而发展起来的新能源发展模式。智慧能源的主体仍是能源，通过将现有的能源体系、能效技术等与智能技术相结合，促进能源生产、存储、运输、消费以及能源市场的深度融合，实现能源体系“源-网-荷-储”协调发展，从而获得良好的经济和社会效益[89]。

智慧能源的构建需要结合先进信息、通信技术，智能监测、控制和优化技术，包括先进传感技术、边缘智能计算、网络连接技术以及微源取能技术等(图 4.53)。先进传感技术包括不同应用场景的前端传感机理、敏感材料、信号处理、电路调节，并重点突破光/磁等传感技术；边缘智能计算技术用于将轻量级人工智能算法下沉至传感终端，嵌入式人工智能就地加速与实时计算，从而实现云-端交互与协同；网络连接技术用于传感器网络大连接、低功耗、自组织、感传融合、通导一体，以及 IPv6 端到端寻址/安全互联等；微源取能技术涉及电磁、电场、振动、温差、光电等环境取能、无线充电及纳米能源系统，并实现传感器的电源自给等。

此外，还需要通过大数据平台，对系统产生的数据进行实时收集和分析，并基于分析结果对接入系统的设备进行智能监控、智能调度、数据统计分析、节能管理等。

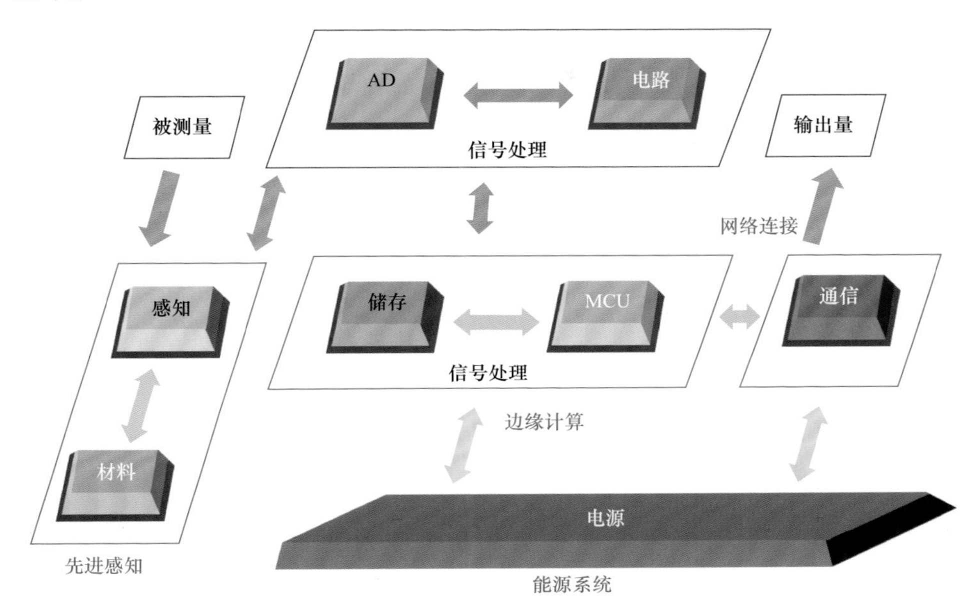

图 4.53　智慧能源相关的技术

当前，在碳达峰、碳中和发展目标下，构建支撑“双碳”目标的智慧能源体系是我国能源转型的重要方向。为此，我国也较早对“智慧能源”进行了相关布局[90]。2016 年，国家能源局颁布了《关于推进“互联网 + ”智慧能源发展的指导意见》，提出推进我国能源互联网试点示范工作；2020 年，国务院发布的“两新一重”建设方案中，强调通过新技术与能源产业的融合，推动产业的调整与升级。然而，作为新模式、新业态的智慧能源，仍面临发展不全面、不成熟等问题，主要包括能源科技与数字通信技术融合度不够深入，相关政策不够完善、智慧能源的发展缺乏保障等问题。因此，有必要进一步加强新一代信息网络建设(如 5G)、统筹能源与信息科技的协同发展，并通过制定相关政策，保障“智慧能源”建设的有序推进。

4.11　新材料与低碳建筑

建筑行业是碳排放的主要来源之一。传统建筑材料(如钢铁、水泥、玻璃)的生产、加工及应用等各个环节都面临着大量二氧化碳的排放问题。国际能源署

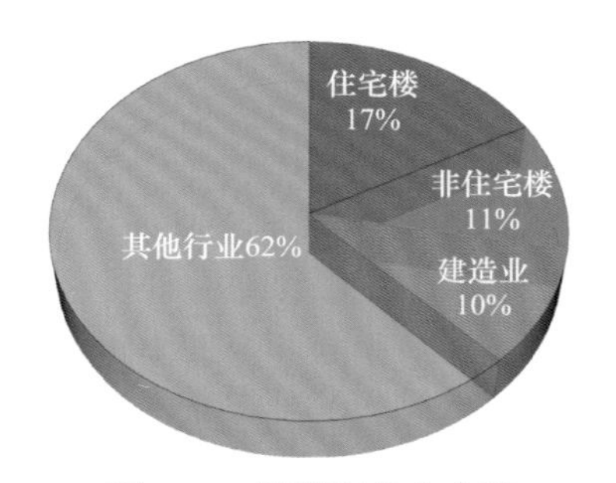

图 4.54　建筑行业占全球能源相关领域的碳排放

(IEA)研究报告统计显示，2019 年，建筑行业排放的二氧化碳达到 100 亿吨，约为全球能源相关领域总排放的 38%(图 4.54)[91]。我国 2019 年建筑行业碳排放达到 49.97 亿吨二氧化碳当量，占碳排放总量的 49.97%[92]。其中，生产环节是建筑行业碳排放的主要来源，在建筑行业总碳排放量的占比超过 55.33%。由此可见，在优化传统建筑材料生产、加工及应用工艺的同时，通过开发和利用新型低碳建筑材料以减少能耗、降低碳排放、提升利用效率，是推动实现我国“双碳”目标的关键途径。

低碳建筑材料是指在满足建筑材料基本使用要求的情况下，降低建筑材料在生产、加工及应用等各个环节的能耗和碳排放，提升其利用效率和使用寿命，并实现资源化回收利用。按照建筑材料的用途，低碳建筑材料主要包括保温材料、功能玻璃材料、太阳能建筑材料等。

保温材料：由于导热系数低(≤0.2)，保温材料能够有效降低建筑体内热量的耗散以维持室内适宜的温度，从而减少因制冷或供暖造成的能量消耗。传统保温材料虽然能够实现较好的保温效果，但面临易燃、寿命有限等问题。例如，聚苯乙烯泡沫塑料板在高温下容易软化变形，且防火效果差。相比而言，作为一种新型保温材料，酚醛泡沫板不仅导热系数低，且耐高温、阻燃、无烟、无毒，是较为理想的低碳绿色环保型建筑材料。然而，酚醛泡沫板的主要问题是成本较高。气凝胶材料是另一种新型无机保温材料。由于比表面积大、孔隙率高，气凝胶具有质轻、保温效果好等优点，且无毒、安全环保，但同样存在生产成本较高的问题[93]。

功能玻璃材料：玻璃门窗也是建筑体热量损耗的主要来源。相比于传统玻璃，利用真空玻璃的保温和隔热特性，能够有效降低室内热量散失，其真空特性还能起到良好的隔音效果。低辐射镀膜玻璃也是一种新型绿色节能材料，通过其外表面镀膜层可以在实现可见光高透过率的同时，增强红外线的反射率，达到透光和隔热的双重效果；为降低室内热能向室外的辐射，通过在玻璃内表面镀膜(如银)，可以显著降低热辐射率，起到维持室内温度的效果。此外，对玻璃表面进行超疏水、抗静电等设计，不仅能够提升玻璃的透光率，还能节省人工清洁成本，也是目前功能玻璃材料的一个重要发展趋势[94]。

太阳能建筑材料：太阳能建筑材料是另一类新兴的低碳建筑材料，包括光触媒材料、光伏材料等。光触媒采用二氧化钛等纳米材料，利用其光催化特性实现降解有毒物质、灭菌等作用，目前已在医疗机构等场景实现了应用。另一方面，通过将具有采光集热、光伏发电等功能的组件与建筑物（如墙面、门窗、屋顶）进行一体化集成设计，能够实现对建筑物直接供能，提升建筑物自身的能量利用效率并减少能耗，包括安装分布式光伏组件、太阳能集热器等能量收集设备[95]。

除了低碳建筑材料的开发，对建筑材料的碳排放进行全生命周期跟踪监测和评估，能够为建筑材料生产和使用环节的优化提供指导，提升材料的使用效率、减少碳排放。同时，对拆除的建筑材料进行合理的资源化回收利用，也是降低碳排放的有效途径。此外，由于我国幅员辽阔、地域性差异较大，针对不同地区开发适宜的建筑材料十分必要。例如，对于气温高、光照充足的低纬度地区，通过使用遮光板、光伏板、集热板等，在避免暴晒的情况下，实现太阳能的有效利用；而对于寒冷的高纬度地区，则需要大力推广高效保温建筑材料。

近年来，我国低碳建筑材料发展迅速，但还存在诸多问题和挑战。首先，尽管我国已出台了低碳建筑材料相关的政策性文件，但在具体实施过程中仍缺乏明确的指导性文件，对低碳建筑材料相关的指标和评价较为模糊，缺乏明确、统一的标准。其次，基于成本和价格等因素的考量，企业对于加大低碳建筑材料研发投入的积极性不高，消费者使用低碳建筑材料的意愿不强，极大地限制了低碳建筑材料的使用和普及。例如，目前保温材料在工业领域应用已较为广泛，但在建筑行业的应用还非常有限。最后，我国现阶段对低碳建筑材料的宣传力度也还比较有限，社会普遍对低碳建筑材料的认识不足。

参考文献

[1] Perez R, Perez M. A Fundamental Look At Supply Side Energy Reserves For The Planet. HCP solar update, 2015-11. http://asrc.albany.edu/people/faculty/perez/2015/IEA.pdf.
[2] 李灿. 太阳能转化科学与技术. 北京: 科学出版社, 2020.
[3] Richter A, Müller R, Benick J, et al. Design rules for high-efficiency both-sides-contacted silicon solar cells with balanced charge carrier transport and recombination losses. Nature Energy, 2021, 6: 429-438.
[4] 彭英才, 姚国晓, 马蕾, 等. 提高多晶 Si 薄膜太阳电池转换效率的途径. 微纳电子技术, 2008, 45(4): 187-197.
[5] 武晓玮, 李佳艳. 多晶硅表面金属催化化学腐蚀法制绒研究现状. 无机材料学报, 2021, 36(6): 570-578.
[6] 丁苏莹, 吴子华, 谢华清, 等. 铜铟镓硒太阳能电池性能提升方法. 材料导报, 2021, 35(Z2): 1-7.
[7] Wu T H, Qin Z Z, Wang Y B, et al. The main progress of perovskite solar cells in 2020—2021. Nano-Micro Letters, 2021, 13: 152.
[8] 胡璟璐, 徐婷婷, 陈立新, 等. 纳米 ZnO 材料在染料/量子点敏化太阳能电池中的研究进展. 功能材料, 2016, 12(47): 12083-12089.

[9] Solar Cell Efficiency Tables (Versions 1 to 58). Progress in Photovoltaics: Research and Applications, 1993—2021. Fraunhofer ISE 2021. https://www.ise.fraunhofer.de/ content/dam/ise/de/documents/publications/studies/Photovoltaics-Report.pdf.
[10] 张建中. 温差电技术. 天津: 天津科学技术出版社, 2013.
[11] 2020 年全球风电行业装机规模及区域格局分析: 风能资源总量巨大且市场稳定发展. 搜狐网, 2021-05-16. https://bg.qianzhan.com/report/detail/300/210513-ed58f026.html.
[12] 辛东旺. 风力发电机叶片三维建模及分析. 西安: 西安理工大学, 2018.
[13] Global Wind Energy Council (GWEC). Global Wind Report 2019. 2020-03-25. https: //gwec. net/wp-content/uploads/2020/08/Annual-Wind-Report_2019_digital_final_r.pdf.
[14] 李耀, 华孔力. 发展太阳能和风能发电技术加速推进我国能源转型. 中国科学院院刊: 可再生能源规模利用, 2019, 34(4): 426-433.
[15] Arias F. Assessment of Present/Future Decommissioned Wind Blade Fiber-Reinforced Composite Material in the United States. City College of New York, 2016.
[16] 郭峰. 我国潮汐能发电缘何缓慢. 科学时报, 2012-11-08. https://www.china5e.com/news/news-252962-1.html.
[17] 严健儒. 水轮机主要包括定子、转子、拱门、水轮叶片和发电机轴等部件. 北京: 中国科学院大学, 2019.
[18] 熊云龙. 纯净超低碳马氏体不锈钢材料的疲劳性能研究. 沈阳: 沈阳铸造研究所, 2005.
[19] 张萍. 流体机械表面抗气蚀涂层的组织结构与性能研究. 南京: 河海大学, 2006.
[20] 国家能源局. 水电发展“十三五”规划(2016 ~ 2020 年). 2016-11-29. http://www.nea.gov.cn/135867663_14804701976251n.pdf.
[21] Yin J, Li X M, Yu J, et al. Generating electricity by moving a droplet of ionic liquid along graphene. Nature Nanotechnology, 2014, 9: 378.
[22] 靳然, 杨朔, 朱舒, 等. 基于纳米材料的水伏发电器件研究进展. 功能材料与器件学报, 2021, 27(3): 139-152.
[23] Zhang Z H, Li X M, Yin J, et al. Emerging hydrovoltaic technology. Nature Nanotechnology, 2018, 13: 1109-1119.
[24] Cheng H H, Huang Y X, Zhao F, et al. Spontaneous power source in ambient air of a well-directionally reduced graphene oxide bulk. Energy & Environmental Science, 2018, 11(10): 2839.
[25] Gospodarczyk M M, Fisher M N. Power Reactor Information System (PRIS) : Past, Present and Future. International Atomic Energy Agency(IAEA), 2020-06-25. https://www.iaea.org/newscenter/news/iaea-releases-2019-data-on-nuclear-power-plants-operating-experience.
[26] Xenofontos T. Development of a dynamic stochastic neutronic code for the analysis of conventional and hybrid nuclear reactors. Nuclear Experiment. Université Paris-Saclay, 2018.
[27] 赵龙哲. 直径 15.6 米核电站上的巨型环是怎么造出来的? 科学大院公众号. 2019-03-29.https://mp.weixin.qq.com/s/EtVM2oPRzkALt8kv22IvSA.

[28] 史力, 赵加清, 刘兵, 等. 高温气冷堆关键材料技术发展战略. 清华大学学报: 自然科学版, 2021, 61(4): 270-278.

[29] HT-7 超导托卡马克实验再创新纪录.中国科学院，2008-03-21. https://www.cas.cn/ky/kyjz/200803/t20080321_1032806.shtml.

[30] 叶华龙, 胡海临, 蔡其敏. EAST 装置实现 1056 秒的长脉冲高参数等离子体运行.中国科学院等离子体物理研究所，2021-12-31. http://www.ipp.ac.cn/xwdt/ttxw/202112/t20211231_677226.html.

[31] International Renewable Energy Agency (IRENA). Fostering a blue economy: Offshore renewable energy. 2020-12. https://www.irena.org/-/media/Files/IRENA/Agency/ Publication/2020/Dec/IRENA_Fostering_Blue_Economy_2020.pdf.

[32] 陈金松, 王东辉, 吕朝阳. 潮汐发电及其应用前景. 海洋开发与管理, 2008, 11:84-86.

[33] 孙安然, 陈利博. 中国海洋能 2019 年度进展报告. 中国海洋报, 2019-10-30.

[34] 刘延俊, 武爽, 王登帅, 等. 海洋波浪能发电装置研究进展. 山东大学学报: 工学版, 2021, 51(5): 63-74.

[35] Wang Z L. Triboelectric nanogenerators as new energy technology for self-powered systems and as active mechanical and chemical sensors. ACS Nano, 2013, 7(11): 9533.

[36] Pang Y K, Chen S, Chu Y H, et al. Matryoshka-inspired hierarchically structured triboelectric nanogenerators for wave energy harvesting. Nano Energy, 2019, 66: 104131.

[37] 陆静丹. 新时代能源环境下的地热能开发. 智能城市, 2019, 5(16): 78-79.

[38] 周飞飞. “地热 +”, 低碳能源新方向. 中国自然资源报, 2021-09-15. http://www.iziran.net/difanglianbo/20210915_133252.shtml.

[39] 马冰, 贾凌霄, 于洋, 等. 世界地热能开发利用现状与展望. 中国地质, 2021, 48(6): 1734-1747.

[40] 莫一波, 黄柳燕, 袁朝兴, 等. 地热能发电技术研究综述. 东方电气评论, 2019, 33(2): 76-80.

[41] 李天舒, 王惠民, 黄嘉超, 等. 我国地热能利用现状与发展机遇分析. 石油化工管理干部学院学报, 2020, 22(3): 62-66.

[42] 中国产业发展促进会生物质能产业分会. 2020 中国生物质发电产业发展报告. 2020. http://www.cn-bea.com/productinfo/515739.html.

[43] 许雯, 吴菲菲. 双碳助推生物质发电发展行业未来可期. 湘财证券, 2021-09-30. https:// huanbao.bjx.com.cn/news/20210930/1179867.shtml.

[44] 王美净, 高丽娟, 郭潇剑, 等. 生物质能发电行业现状及政策研究. 电力勘测设计, 2021, 4: 8-11.

[45] 汤瑞湖, 李莉. 物理化学. 北京: 化学工业出版社, 2008.

[46] Lopes P P, Stamenkovic V R. Past, present, and future of lead-acid batteries. Science, 2020, 369(6506): 923-924.

[47] Whittingham M S. Chemistry of intercalation compounds: Metal guests in chalcogenide hosts. Progress in Solid State Chemistry, 1978, 12 (1): 41-99.

[48] Ramström O. Scientifc Background on the Nobel Prize in Chemistry 2019-Lithium-Ion Batteries. The Royal Swedish Academy of Sciences, 2019-10-09. https://www. nobelprize.

org/ uploads/2019/10/advanced-chemistryprize2019-2.pdf.
[49] Mizushima K, Jones P C, Wiseman P J, et al. $Li_xCoO_2(0 < x < 1)$: A new cathode material for batteries of high energy density. Materials Research Bulletin, 1980, 15(6): 783-789.
[50] Fong R, Sacken U, Dahn J R. Studies of lithium intercalation into carbons using nonaqueous electrochemical cells. Journal of The Electrochemical Society, 1990, 137(7): 2009-2013.
[51] 马璨, 吕迎春, 李泓. 锂离子电池基础科学问题(Ⅶ)——正极材料. 储能科学与技术, 2014, 3(1): 53-65.
[52] 罗飞, 褚庚, 黄杰, 等. 锂离子电池基础科学问题(Ⅷ)——负极材料. 储能科学与技术, 2014, 3(2): 146-163.
[53] Wang M, Zhang F, Lee C S, et al. Low-cost metallic anode materials for high performance rechargeable batteries. Advanced Energy Materials, 2017, 7(23): 1700536.
[54] 王晗, 安汉文, 单红梅, 等. 全固态电池界面的研究进展. 物理化学学报, 2021, 37(11): 48-61.
[55] 冯阳, 汪港, 陈君妍, 等. 高性能锂硫电池研究进展与改进策略. 材料导报, 2022, 11: 1-26.
[56] 王芳, 李豪君, 刘东, 等. 高性能非水性体系锂空气电池研究进展. 稀有金属材料与工程, 2015, 44(8): 2074-2080.
[57] Yuan Z, Liu X, Xu W, et al. Negatively charged nanoporous membrane for a dendrite-free alkaline zinc-based flow battery with long cycle life. Nature Communications, 2018, 9(1): 3731.
[58] 张苏江, 崔立伟, 孔令湖, 等. 国内外锂矿资源及其分布概述. 有色金属工程, 2020, 10(10): 95-104.
[59] 余雪松. “十三五”期间我国锂离子电池产业发展良好. 新材料产业, 2021, 4: 2-8.
[60] 韩笑, 张兴华, 闫华光, 等. 全球氢能产业政策现状与前景展望. 电力信息与通信技术, 2021, 19(12): 27-34.
[61] 赵旭, 杨艳, 高慧. 主要国家与能源巨头如何布局氢能产业. 中国石化杂志, 2019-06-27. https://www.sohu.com/a/323447045_269757.
[62] 罗楠. 国际社会氢能发展战略分析.上海节能, 2021, 10: 1058-1061.
[63] 王朋飞, 姜重昕, 马冰. 国内外氢能发展战略及其重要意义. 中国地质调查, 2021, 8(4): 33-39.
[64] United State Department of Energy. Hydrogen Strategy Enabling a Low-Carbon Economy. 2020-07-21. https://www.energy.gov/sites/prod/files/2020/07/f76/USDOE_ FE_Hydrogen_ Strategy_ July2020.pdf.
[65] 李明月. PEM 电解水制氢影响因素研究. 北京: 北京建筑大学, 2021.
[66] Jiao Y, Zheng Y, Jaroniec M, et al. Design of electrocatalysts for oxygen- and hydrogen-involving energy conversion reactions. Chemical Society Review, 2015, 44(8): 2060-2086.
[67] Zhang C, Luo Y, Tan J, et al. High-throughput production of cheap mineral-based two-dimensional electrocatalysts for high-current-density hydrogen evolution. Nature Communications, 2020, 11(1): 3724.
[68] 杨阳, 张胜中, 王红涛. 碱性电解水制氢关键材料研究进展. 现代化工, 2021, 41(5):

78-82.
[69] 制氢关键技术是什么？搜狐网，2021-05-14. https://www.sohu.com/a/466413080_99916590.
[70] 牟树君，林今，邢学韬，等. 高温固体氧化物电解水制氢储能技术及应用展望. 电网技术, 2017, 41(10): 3385-3391.
[71] 张玉魁，陈换军，孙振新，等. 高温固体氧化物电解水制氢效率与经济性. 广东化工, 2021, 48(18): 3-24.
[72] 张玉魁，张晨佳，孙振新，等. 高温固体氧化物电解制氢模拟研究进展. 化工进展, 2021, 40(S1): 126-141.
[73] Fujishima A, Honda K. Electrochemical photolysis of water at a semiconductor electrode. Nature, 1972, 238(5358): 37-38.
[74] 冯亚杰，段有雨，邹函君，等. 单原子催化剂在光催化分解水制氢中的研究现状. 稀有金属, 2021, 45(5): 551-568.
[75] 郭俊兰，梁英华，王欢，等. 光催化制氢的助催化剂. 化学进展, 2021, 33(7): 1100-1114.
[76] Schlapbach L, Züttel A. Hydrogen-storage materials for mobile applications. Nature, 2001, 414(6861): 353-358.
[77] U.S. DRIVE. Target Explanation Document: Onboard Hydrogen Storage for Light-Duty Fuel Cell Vehicles. 2017. https://www.energy.gov/sites/default/files/2017/05/f34/fcto_targets_onboard_hydro_storage_explanation.pdf.
[78] 张刘挺. 功能化石墨(烯)对轻金属储氢材料的复合改性及其作用机理研究. 杭州：浙江大学, 2016.
[79] Sadhasivam T, Kim H T, Jung S, et al. Dimensional effects of nanostructured Mg/MgH_2 for hydrogen storage applications: A review. Renewable and Sustainable Energy Reviews, 2017, 72: 523-534.
[80] Gogotsi Y, Portet C, Osswald S, et al. Importance of pore size in high-pressure hydrogen storage by porous carbons. International Journal of Hydrogen Energy, 2009, 34(15): 6314-6319.
[81] 张四奇. 固体储氢材料的研究综述. 材料研究与应用, 2017, 11(4): 211-223.
[82] 曹军文，覃祥富，耿嘎，等. 氢气储运技术的发展现状与展望. 石油学报：石油加工, 2021, 37(6): 1461-1478.
[83] Sotoodeh F, Huber B J M, Smith K J. The effect of the N atom on the dehydrogenation of heterocycles used for hydrogen storage. Applied Catalysis A-General, 2012, 419: 67-72.
[84] Reports of United State Department of Energy. The Fuel Cell Technologies Office(FCTO). [2022-03-15]. http://energy.gov/eere/fuelcells/materials-based-hydrogen-storage.
[85] 宋显珠，郑明月，肖劲松，等. 氢燃料电池关键材料发展现状及研究进展. 材料导报, 2020, 34(S2): 1001-1016.
[86] Mahabunphachai S, Cora Ö N, Koc M, et al. Effect of manufacturing processes on formability and surface topography of proton exchange membrane fuel cell metallic bipolar plates. Journal of Power Sources, 2010, 195(16): 5269-5277.

[87] Wang Y, Ruiz Diaz D F, Chen K S, et al. Materials, technological status, and fundamentals of PEM fuel cells: A review. Materials Today, 2020, 32: 178-203.
[88] 余丽. 燃料电池复合双极板研究. 大连: 大连交通大学, 2020.
[89] 童光毅. 基于双碳目标的智慧能源体系构建. 智慧电力, 2021, 49(5): 1-6.
[90] 余晓钟, 罗霞. 我国“互联网 + ”智慧能源: 多重内涵与发展推进. 福建论坛: 人文社会科学版, 2021, 11: 91-101.
[91] Global Alliance for Buildings and Construction, International Energy Agency and the United Nations Environment Programme. 2020 Global status report for buildings and construction: Towards a zero-emissions, efficient and resilient buildings and construction sector. 2022. https://wedocs.unep.org/handle/20.500.11822/34572; jsessionid= DB296F075F62C8D20776EF8EBEFFAEA5.
[92] 中国建筑节能协会建筑能耗与碳排放数据专业委员会. 中国建筑能耗与碳排放研究报告(2021). 2021-12-23. http://www.199it.com/archives/1369165.html.
[93] 王肇嘉, 路国忠, 何光, 等. 气凝胶岩棉复合保温材料的制备与性能研究. 新型建筑材料, 2022, 49(1): 124-137.
[94] 高亚男, 刘俊成, 董北平. 玻璃表面灰尘的粘附机理和自清洁研究进展. 山东陶瓷, 2020, 43(2): 3-8.
[95] 童章润. 建筑节能与绿色建筑技术的有效应用. 江西建材, 2021, 10: 152-153.

第 5 章

碳中和愿景

实现碳达峰、碳中和的战略目标是以习近平同志为核心的党中央统筹国内国际两个大局后做出的重大战略决策，是解决我国当前所面临的资源环境约束突出问题、实现绿色可持续发展的必然选择，这一战略目标也是构建人类命运共同体的庄严承诺，体现了我国携手世界各国一道积极应对全球能源短缺与气候变化这一艰巨挑战的坚定决心，彰显了我国作为大国的责任与担当。

进入 21 世纪以来，我国经济发展迅猛，同时碳排放量也在快速攀升。据有关机构的预测，我国 2060 年若要实现“1.5℃情景”下的减排目标，届时需要实现碳排放量为当前值的 15%～25%，而即使实现“2℃情景”，允许碳排放量也需要为当前碳排放量的 40%～50%[1,2]。然而，目前我国经济仍处于中高速发展阶段，能源消耗量还在继续攀升，碳排放量势必还会在一段时间内持续增加。此外，相比发达国家，我国从碳达峰到碳中和仅有 30 年的时间间隔，而减排强度达百亿吨级，困难程度在全球范围首屈一指。

“十四五”时期，我国首次把碳中和愿景纳入经济社会发展规划。为了实现碳中和目标，除了新材料的开发应用与大力发展清洁能源外，科普宣传、科技创新、政策保障、全民意识同样是当务之急。

5.1 科 普 宣 传

科普宣传是广大群众学习党的路线、方针、政策，掌握科学技术发展动态的主要途径。因此，各级宣传、改革、规划和环境部门以及科协组织要勇于担当责任，切实把思想和行动统一到党中央决策部署和具体要求上来，全力以赴开展好碳达峰、碳中和相关的科普宣传工作。此外，科普宣传工作要坚持以习近平生态文明思想为指导，坚定不移贯彻新发展理念，以内容为主、宣传为体，面向基层群众，开展丰富多彩的宣传活动，让碳达峰、碳中和相关政策“飞入寻常百姓家”，从而形成“人人知晓、人人参与”的良好局面，为最终顺利实现碳达峰、碳中和目标，建设高质量发展、高品质生活的可持续发展社会奠定坚实基础。

具体而言，科普宣传可以从以下几方面展开：

(1) 拓展科普渠道。组织专家学者编著科普读本，发表碳达峰、碳中和及节能减排相关图文、视频等科普作品，以通俗易懂、寓教于乐的形式将国家政策、科学知识权威地展示给公众，让公众了解碳达峰、碳中和的内涵，以及在实现“双碳”目标过程中，政府、企业、社会组织和个人能够做什么、应该怎么做，从而促使公众自觉践行绿色生产和生活方式。同时，建设“双碳”主题科普场馆，推动已建科普场馆增设碳达峰、碳中和主题科普内容；充分利用公园、公交、地铁、高铁等公共场所，合理推送相关知识、发放宣传资料。此外，联合主流媒体，通过电视访谈、专家讲座、跟踪报道、知识问答、信息推送等方式，不断扩大碳达峰、碳中和知识宣传的覆盖面和影响力。

(2) 建设科普队伍。鼓励并吸纳各行业科技专家、学生志愿者、社会人士等各方力量加入到志愿服务队伍中来，通过相关宣传活动，增强志愿者对志愿服务工作的荣誉感和自豪感；加强志愿者队伍的培训和建设工作，提高志愿者的服务意识和专业素质，提升科普宣传工作的效率；将碳达峰、碳中和宣传纳入志愿服务活动，精心组织各行业专家编写宣讲内容，创新宣讲方式，增强宣讲吸引力。

(3) 组织科普活动。举办世界地球日、世界环境日、全国科普日、公民科学素质大赛等宣传活动，广泛开展碳达峰、碳中和相关知识进企业、进农村、进社区、进机关、进学校等系列活动，将科普宣传深度融入广大群众的生产生活，进而在全社会营造“人人参与、人人共享”的浓厚氛围。具体而言，通过联合高校及科研机构围绕碳达峰、碳中和开展形式多样的交流活动，举办青少年科技赛事、知识问答活动等，加强青少年的宣传教育，引导青少年树立“双碳”意识和生态文明意识；通过举办一线创新工程师培训、专题培训班等，加强产业工人参与碳达峰、碳中和相关创新能力培养，鼓励开展绿色低碳技术研发；通过推广绿色产品和技术，促进农业废弃物资源化利用，推动乡村产业增绿，引导农民树立农村低碳生活新风尚。此外，各级政府利用大数据技术、云计算等对碳达峰、碳中和相关科普宣传信息进行收集，通过建立政务网、开通咨询热线等方式及时解答公众疑惑，回应社会关切，提高科普宣传的精准度。更重要的是，积极倡导绿色低碳生活从我做起，鼓励个人积极参与到实现碳中和美好愿景的行动中，让碳中和理念深入人心。

5.2 科技创新

与发达国家相比，我国的碳中和道路面临减排力度大、新能源技术不成熟、缓冲时间短等诸多挑战。以能源消费结构为例，我国目前仍以化石能源为主，存在碳排放量大、能效低、对外依存度高等问题。

碳中和是一场绿色能源革命，也是一场科技革命。为构建零碳社会，亟需通过科技创新实现我国能源结构的优化调整，推动能源领域变革，最终建成以新能源为主体的清洁、安全、高效能源体系。从能源供给侧看，电力零碳化、燃料零碳化是当务之急；从能源需求侧看，能源利用高效化、智慧化、二氧化碳资源化是发展趋势。具体而言，科技创新将需要从以下几方面展开：

(1) 能源的高效清洁利用。目前煤炭仍是我国能源消费结构中占比最大的一次能源，煤炭的消耗造成大量的碳排放。煤炭的高效清洁化利用不仅能够有效减少二氧化碳等温室气体的排放，还能发挥煤炭保障我国能源安全的主体作用。煤炭高效清洁利用包括煤炭的安全、高效和绿色开采，煤燃烧过程中的污染控制与尾气净化，新型清洁煤燃烧技术等。例如，煤炭的地下气化是实现其清洁利用的重要途径，有望从根本上改变中深层煤炭开采利用模式，减少煤炭在开采和应用过程中对环境造成的影响；超临界流体技术不仅可以提高煤炭的燃烧效率，还能有效减少污染性气体的排放。此外，在利用煤炭等化石能源的同时，还需结合碳捕获技术，将产生的二氧化碳气体进行封存，避免直接排放到大气中。

(2) 清洁能源的开发利用。开发利用绿色清洁能源可以从源头上减少碳排放，且有利于调整和优化现有能源结构，是实现碳达峰、碳中和目标的重要措施。目前已实现规模化开发利用的清洁能源包括太阳能、风能、水能、核能、地热能、海洋能、生物质能、氢能等。为提升清洁能源的利用效率，发展与之相匹配的高效低成本储能技术也至关重要，包括锂离子电池、钠离子电池、液流电池、锂硫电池等。此外，加强基础研究投入，加快新材料和相关技术的开发与科技成果转化，也是提升能源在各个环节高效利用的有效途径。

(3) 二氧化碳资源化利用。除了对二氧化碳进行封存，二氧化碳转化也是减少大气中温室气体含量的直接手段。通过光合作用、矿化和化学品生产等方式，能够将二氧化碳直接转化为化工产品或燃料，实现“变废为宝”。例如，中国科学院大连化学物理研究所提出的“液态阳光”技术，成功实现了将二氧化碳和“绿氢”转化为甲醇；美国加州大学伯克利分校杨培东教授团队通过结合热乙酸莫尔氏菌(*Moorella thermoacetica*)和硫化镉半导体纳米颗粒，成功利用太阳能将二氧化碳选择性地转化为乙酸，实现将二氧化碳转化为对人类有用资源的目的。此外，在农业生产过程中，二氧化碳还能作为温室气体，起到保温、增产的作用。虽然二氧化碳的资源化利用取得了一定的成果和进展，但大规模的转化应用还未能实现，仍需进一步研发和科技创新。

(4) 森林碳汇和海洋碳汇。森林和海洋碳汇是一种具有可持续、成本低、可循环再生等优点的“负碳”手段，能够为经济发展、生态改善和推动社会进步带来多种效益。截至 2020 年，中国森林覆盖率为 22.96%，低于全世界森林覆盖率的 30%[3]。由此可见，有必要进一步加强植树造林工作的量质并举，通过大力培育对二氧化碳吸收能力强的植物品种，优化森林资源结构与分布格局，实现森林覆盖率、蓄积量、森林碳密度的全面增长，提升森林生态质量，激活林业碳汇的增汇潜力。海洋在固碳方面同样扮演着重要的角色。相比于森林碳汇，海洋碳汇具有碳循环周期长、固碳效果持久等特点。中国海域面积广阔，具有丰富的海洋生态资源，因此充分利用海洋碳汇的供给能力可为中国经济发展与生产建设提供足够的生态空间。

5.3 政策保障

为保障“双碳”目标的顺利实施，急需制定碳达峰、碳中和相关的顶层政策体系、总体方案和技术路径，特别是如何把握好发展和减排、整体和局部、短期和中长期的关系，以及如何构建碳排放总量控制和不同领域的责任分担机制[4]。发达国家的碳中和路径为我国提供了多视角参照系。但由于资源现状、产业结构的巨大差异，探索符合我国国情的碳中和路径势在必行。

在政策保障方面，应建立以气候变化应对法为主导，以《中华人民共和国环境保护法》、《中华人民共和国海洋环境保护法》、《中华人民共和国大气污染防治法》、《碳排放权交易管理办法(试行)》和《节能低碳产品认证管理办法》等相关法律法规为重要依据，以其他有关法律、法规及规章为补充的行政法律体系。在实现碳达峰、碳中和的背景下，应从立法理念、行政监管以及行政法律制度等角度，构造完善的碳排放行政规章制度和监管体系。

2021 年 10 月，中共中央、国务院印发《关于完整准确全面贯彻新发展理念做好碳达峰碳中和工作的意见》(以下简称《意见》)[5]。《意见》是“双碳”的指导性、纲领性文件，对碳达峰、碳中和重大工程进行了系统规划和总体部署。《意见》明确了实现“双碳”目标是全社会的系统性工程，不仅是出于保护环境、防治污染等方面考虑，也是经济发展全局的有机组成部分；指明了绿色低碳产业是未来产业调整和升级的重要方向；明确了能源是实现“双碳”目标的主战场，包括节能减排、优化能源结构、开发新能源等；指出要依托新材料和新技术的开发利用，实现发电、储能、电网、碳捕获等关键领域的突破；提出提升生态碳汇也是实现“双碳”目标的重要途径等。

尽管如此，当前我国碳达峰、碳中和行动的法制框架仍然存在关键缺失[6]：

(1) 碳中和相关立法缺失。当前，我国应对气候变化和能源危机的规章制度和相关依据仍主要是基于国家层面的政策，相关的法律依据和中央专门立法还有待制定。例如，《中华人民共和国国民经济和社会发展第十四个五年规划和2035年远景目标纲要》等还只是国家层面的政策性文件，并非法律依据。因此，在碳达峰、碳中和的背景下，为应对气候变化和能源危机等全球性问题，通过中央立法制定相应法律势在必行。

(2) 现有立法亟待完善。法律规则是实现具体目标的重要支撑。我国目前已有的降污减排相关立法如污染物防治法、资源保护法、能源安全法等都是基于相应的历史环境和背景所制定。因此，为稳步推进碳达峰、碳中和发展愿景，在制定碳中和相关法律的同时，有必要对现有立法进行统筹和完善，切实发挥法律的监督和保障作用。

(3) 污染物排放标准不明确。目前，我国“大气污染物”的认定标准还存在缺失，导致降低污染物排放缺乏理论指导和相关依据，国家和地方政策的执行缺少规则支撑。大幅减少二氧化碳等温室气体的排放量、实现能源消耗与经济发展脱钩是我国现有的方针政策，也是实现碳达峰、碳中和的必由之路。因此，如何在减少污染、降低碳排放的同时实现经济社会的稳步发展，首先需要对“大气污染物”在法律上进行严格界定，同时明确“大气污染物”的具体范围及排放标准，从而制定切实可行的减污降碳协同增效措施和路径。

5.4 全民意识

碳中和对于实现可持续发展、保障能源安全具有重要意义，是人类社会发展的必然趋势和实际需求，是全球范围内形成的广泛共识。2021年3月，习近平总书记在主持召开中央财经委员会第九次会议时强调：“实现碳达峰、碳中和是一场广泛而深刻的经济社会系统性变革，要把碳达峰、碳中和纳入生态文明建设整体布局，拿出抓铁有痕的劲头，如期实现2030年前碳达峰、2060年前碳中和的目标”[7]。碳达峰和碳中和是社会发展、经济发展、生态文明建设的整体布局，需要多措并举才能最终达成。因此，碳达峰、碳中和不仅是政府和企业的职责，也需要我们每一位公民的积极参与。

(1) 政府加强引导。政策的积极引导是“双碳”目标实施的有力保障。在大力推行“双碳”政策的同时，政府通过制定节能降碳标准及相关实施方案是实现碳达峰、碳中和目标的重要规范和工作基础。“十四五”期间，国家发展和改革委员会通过修订节能降碳标准，出台了若干鼓励低碳经济发展、低碳生活的政策；地方政府结合当地实际和发展需要，也制定了相应的政策和发展目标。除此以外，还有必要根据我国未来经济发展和碳排放的实际状况，政府适时对相关政策进行调整和优化，确保“双碳”目标的顺利实现。

具体而言，各级政府有必要定期向社会公布降污减排的成效和不足之处，提高公众对“双碳”的重视和关切度；同时，利用不同媒介向公众宣传低碳生活的必要性以及与个人生活的关系，倡导低碳生活方式，进而在全社会营造低碳生活的良好氛围。另一方面，要通过积极的宣传教育，消除公众固有的一些模糊、甚至错误的旧思想和传统观念，让公众深刻地意识到低碳经济和低碳生活是与经济繁荣发展、社会和谐一致的，低碳社会的益处与自身是息息相关的。此外，还要做好具体的低碳相关的培训工作，让公众知道如何才能践行低碳生活，从自身的角度出发能够为实现“双碳”目标贡献什么。

(2) 企业大力配合。创建低碳社会、实现碳中和目标仅仅靠口号与宣传是不行的，还需要脚踏实地去践行。通过让更多的社会主体行动起来，才能有效贯彻落实各项政策，发挥其指导性作用。具体而言，作为能源消耗、碳排放的主体，通过组织开展重点行业、企业的节能减排承诺活动，激发企业提质增效的动力；通过鼓励企业加大清洁能源的使用，加强企业低碳技术的开发投入、提升能源的利用效率，积极构建以绿色低碳为导向的生产体系，激发企业技术创新的意识和潜力；此外，企业积极开展“低碳”生产活动，也是提升自身品牌价值和公信力的有效途径。

(3) 公众积极响应。公众要培养和树立碳达峰意识，积极参与碳中和行动，培养绿色低碳的生活方式，包括自觉履行增植添绿义务、提倡绿色出行、推行无纸化办公、减少一次性产品和塑料制品的使用等。需要特别指出的是，“限塑”的意义不仅在于减少白色污染，还能够减少塑料生产所需石油资源的使用。中华民族自古有勤俭节约的传统美德，有必要将这种美德在低碳生活中继续发扬光大，成为绿色低碳生活的新时尚。低碳生活是一种态度，更是一种责任。当广大群众能够树立牢固的低碳生活和碳中和意识，能够自觉践行“低碳”行动时，真正的低碳时代将不再遥远，碳达峰、碳中和目标的实现也将更有保障。

参考文献

[1] 陈白平, 陆怡, 刘恭毅, Thomas P, Ming Teck K, Rune J. 中国气候路径报告: 承前继后、坚定前行. 波士顿咨询公司(BCG), 2020-10. https: //web-assets.bcg. com/89/47/6543977846e090f161c79d6b2f32/bcg-climate-plan-for-china.pdf.

[2] 黄文. 碳达峰、碳中和背景下核能高质量发展面临的挑战和对策建议. 中国工程咨询, 2021, 10: 36-40.

[3] 全国绿化委员会办公室. 2019 年中国国土绿化状况公报. 2020-03-12. https: //www. forestry. gov. cn/main/63/20200312/101503103980273.html.

[4] 正确认识和把握碳达峰碳中和(人民观点). 人民网-人民日报, 2022-02-11.

[5] 中共中央　国务院关于完整准确全面贯彻新发展理念做好碳达峰碳中和工作的意见. 新华社, 2021-10-24. http: //www.gov.cn/zhengce/2021-10/24/content_5644613.htm.

[6] 王江. 论碳达峰碳中和行动的法制框架. 东方法学, 2021-11-15. http: //m.aisixiang. com/data/129681.html.

[7] 把碳达峰碳中和纳入生态文明建设整体布局. 央视网, 2021-03-17. http: //www. qstheory. cn/qshyjx/2021-03/17/c_1127220775.htm.